U0076829

多肉控
懶人植物園

勝地末子

瑞昇文化

contents

[本書所標示的植物名稱]

本書所標示的植物名稱是採用該植物一般流通的
名字。若有其他別名時，會以（ ）標記。在
「使用多肉植物進行合植」「多肉植物圖鑑」
「以綠色為主角的時髦合植」的單元中，學名記
載於一般名稱之後，標記於〔 〕之內。

前　言

　　不久之前，「園藝」一詞仍強烈地意味著在庭院或陽台種植草花及香草，好像僅屬於家庭主婦們優雅的興趣。但近幾年來，許多追求時尚的年輕人，不但將草花及綠色植物融入自己的室內生活空間，同時更沉醉於其中的樂趣。

　　特別是最近在許多商店都能輕鬆買到極具個性的多肉植物及空氣鳳梨等，讓愈來愈多人能享受「植物陳列」的樂趣。在日本東京自由之丘「Buriki no Zyoro」店裡，深受多肉植物及空氣鳳梨所吸引而踏進店裡的男性客人也逐漸增加。

　　本書介紹了許多如何使用綠色植物來進行裝飾擺設的創意發想，適合喜歡植物的每一個人。

　　鳥餌台內種植個性化植物，或搭配吊燈組合，或將植物乾燥後作為主題裝飾…

　　綠色植物透過不同的容器呈現出截然不同的風情。每當我發現有趣的容器時，特別喜歡想像這容器要搭配什麼樣的綠色植物才能凸顯它的美。每當透過植物的自然之美來搭配其他植物或雜貨，而能展現新穎的表情時，心中總能湧起特別的喜悅感。

　　我衷心想要跟各位讀者一起分享這種心動的感覺。

　　本書介紹的設計和安排，有些看起來好像具有某種難度。但實際上，沒有一個真得是必須使用困難技法才能完成的。只要備妥類似書中示範的容器，搭配適當的植物，不管是誰應該都可以輕鬆做到。

　　此外，我也突破個人的喜好限制，融合了許多有趣的設計想法。

　　例如合植時，經驗老道的人可能會中規中矩地教導要「最高的花種植在最中間，周圍則種植較低的植物，日照才會平均。」。但我卻不在意這些瑣碎的細節，反而著重能讓植物和盆缽看起來更賞心悅目的自由發想創作。

　　當內心發出「好酷」「好有趣」「好可愛」的讚嘆時，彷彿也開始和植物相愛了。

　　衷心希望這本書能拉近各位讀者和綠色植物間的距離。

　　若本書真能達到這個目的，我也會覺得萬分榮幸。

「Buriki no Zyoro」負責人
勝地末子

PART: 1

陳 列 綠 色 植 物
和 雜 貨

試著將玻璃瓶、琺瑯鍋或木箱、

蠟台等喜愛的雜貨作為植栽容器使用吧！

甚至，將不需土壤的空氣鳳梨和乾燥花等搭配各式各樣的雜貨，

格外地能凸顯植物的個性，

讓整體看起來更具時尚感。

各 式 雜 貨
種 植 綠 色 植 物

切花不是都應該裝飾在各種花瓶器皿內，

而帶根部的綠色植物不是應該都要種在植物專用的盆缽裡嗎？

但若能了解植物的特性，搭配容器進行種植，多樣化的雜貨就能取代盆缽使用了。

試著尋找能搭配室內設計風格的雜貨及綠色植物，親自動手做看看吧！

鐵絲・鐵皮雜貨
鐵絲或鐵皮製的雜貨極容易搭配懷舊風、自然風、性格風等各種室內裝潢。放在屋外就算生銹，也能產生獨特的魅力。

idea 1

生鏽也別具
風味的鐵皮鳥餌台

即使生鏽也如詩畫般的鐵皮素材，放置於風吹雨淋的玄關處也OK。因為鳥餌台的形狀很多式樣，找一找自己喜歡的類型吧！在此，鳥餌台周圍種植著明亮黃綠色的愛爾蘭苔草。

▶花材：條紋紫露草、愛爾蘭苔草
▶盆缽：鐵皮製鳥餌台（Φ25×H28cm）

附蓋子的鐵絲桶
種植小葉綠色植物,
看起來可愛無比

外型小巧的鐵絲桶裡,種滿綠意盎然的椒草,再插上小樹枝撐住鐵絲蓋子,非常適合這種可愛的感覺,種植開滿小花的綠色植物也很棒喔!

▶花材:椒草、山苔
▶盆缽:鐵絲桶(Φ11×H15cm)

idea 3

男孩風吊盆裝飾

總是讓人覺得羅曼蒂克的吊盆裡,若種植極有個性的食蟲植物豬籠草,非常適合男孩風的室內設計。只要在窗邊或玄關前吊掛一盆,就能為室內設計帶來很大的吸睛效果。吊掛的桶中鋪放山苔後即可進行種植。

▶花材:豬籠草、山苔
▶盆缽:鐵絲桶(Φ17×H28cm)

idea 4

椰子纖維營造
半球狀熱帶林

鐵絲桶子裡若想要種植綠色植物時,可先鋪入椰子纖維或麻布、山苔後,再填入土壤。椰子纖維會因為水分及土壤的重量而變薄,所以份量最好多鋪些。主要種植原產於熱帶,葉片具有光澤的鳳尾蕨,整體充滿熱帶氣息。只要一盆就能融入亞洲風格的室內設計。

▶花材:鳳尾蕨、椒草、鐵絲草、流蘇樹、原種仙客來、椰子纖維
▶盆缽:鐵絲吊桶(W27×H22cm)

玻璃容器

能反射光線，營造清涼明亮的感覺。
活用其透明的特性，呈現植物根部的
狀態及土壤的生動感，都讓人覺得有
趣。

idea 5

將捕蟲瓶吊掛起來，
營造如藝廊般的時尚空間

將收集昆蟲的玻璃瓶吊起後，也能成為
如畫般的個性化容器。因為瓶口狹窄，
使用鑷子就能簡單地將山苔鋪入，然後
再種入植物即可。搭配嬰兒淚等蓬鬆感
的植物也很可愛。

▶花材：嬰兒淚、疏葉卷柏蕨（彩虹風扇）、
卷柏蕨、山苔
▶盆缽：捕蟲瓶（Φ27×H18cm）

捕蟲瓶的底部直徑為15cm。正
中央開口。

idea 6

玻璃容器中殘留
餘白植物的小宇宙

大型的玻璃花器裡，鋪入色調漆黑優美、通氣性佳的富士砂後，種植鐵絲草和銀色葉片的水冷麻。因為富士砂保水性高能抑制雜菌及細菌繁殖，避免水質腐敗，植物根部不易腐爛。

▶花材：鐵絲草、水冷麻
▶盆缽：玻璃缽（Φ36×H36cm）

idea 7

透過醫藥用玻璃瓶，
欣賞植莖或土壤的表情

玻璃瓶的優點在於能清楚看見內容物。高度較高的醫藥用玻璃瓶，種植莖部筆直延伸的球根植物。底座的山苔約鋪至瓶子空間的四分之一處，整體平衡感看起來較佳。

▶花材：藍花韭、白雪鈴蘭、山苔
▶盆缽：醫藥用玻璃瓶（Φ11×H30cm）

▶花材：（最前方）椒草
・伊莎貝拉、（內側）串
錢藤、（右側）綠寶石項
鍊
▶盆缽：（前方）聖代杯
（W20×D80cm）、（內
側）雪糕杯（Φ 9cm）、
（右方）迷你冰淇淋杯
（Φ 8cm）

idea 8

餐桌上裝飾生動的
小型冰淇淋食器

盛裝多層冰淇淋或雪糕等具有優雅形狀的玻璃
食器，種植椒草等半日陰也能生長的多肉植
物。擺飾於桌上作為佈置，可讓餐桌看起來熱
鬧非凡，不管裝飾幾個都能百看不厭。

idea 9

多肉植物以小瓶進行水耕栽培
熱鬧繽紛的廚房櫃檯

彎曲生長的仙人掌，以及頂部圓巧看起
來像是瓶蓋的多肉植物們，種在透明玻
璃瓶裡以水耕栽培吧！獨特的外型相當
吸睛，陳列起來充滿童稚的趣味感。可
擺放於廚房工作台或窗檯邊裝飾。

▶花材：（左起）白檀、黃彩丸、高砂丸、耶路撒冷、白檀、金晃丸
▶盆缽：各式玻璃瓶（Φ 10cm左右）

琺瑯或木質容器

不管何者都很適合自然風的室內裝潢。琺瑯或木質都帶點陳舊感，非常適合略帶懷舊風格的室內設計。

idea 10

以琺瑯
打造廚房田園

不管何者都很契合廚房的感覺，琺瑯水壺及琺瑯容器裡種植荷蘭芹或珊瑚葉菜。因為容器底部未開孔，所以必須先放入根部防腐劑後再填入土壤。採收後可享受蔬菜美味，格外受人喜愛。

▶花材：（左內）細葉芹、（右）韭菜、（前）瑞士甜菜
▶盆缽：（左內）水壺（Φ11×H30cm）、（右）水壺（Φ15×H32cm）、（前）餅乾盒（Φ25×H10cm）

idea 11

種在木箱裡，
形成小小的天然原野

葡萄酒箱或蔬菜箱等天然木製箱子，時間愈久愈能呈現其味道，不管種什麼都能凸顯綠意。種植香草類樸素的綠色植物，營造小小的田野風光。適合擺放於陽台或屋簷等戶外場所。

▶花材：椒草‧牛津、堇花、香草、芥菜
▶盆缽：木箱（W75×D50×H17cm）

idea 12

玄關種植
澳洲系低木

澳大利亞有許多開滿球狀或圓筒狀花朵的山龍眼，以及開滿鮮豔黃色花朵的相思樹等個性化植物。因為大多屬於常綠低木，所以一整年都能欣賞滿眼繽紛，具有很大的裝飾效果。種在具有藝術感的大型白鐵皮桶裡，修剪過後放在室內妝點色彩，可呈現懷舊的感覺。

▶花材：海神花、銀樺·銀禧山、帝王花、銀樺·高迪、針插花
▶盆缽：白鐵皮桶（Φ60×H60cm）

搭配場所
裝飾道具雜貨

牆壁及天花板添加木板或鐵絲雜貨、欄杆等道具，裝飾方法可以更多樣化。配合場所使用道具，更能增加綠化的樂趣。

idea 13

牆壁裝飾鹿角蘭
打造藝術風迷你溫室

▶花材：蝙蝠蘭、青苔球
▶道具：鍛鐵燈罩
（Φ40×H20cm）

鹿角蘭是依附在其他樹木枝幹上生長的蕨類，若附生於青苔球上時，可陳列擺放的範圍就更廣了。照片裡是將玻璃製迷你溫室的蓋子掛在牆上。曝露於鑲嵌玻璃外的部份，則掛上鹿角蘭裝飾。

idea 14

以格狀欄杆
做出吊掛空間

鍛鐵欄杆架在二樓的樓梯角落，就可做出吊掛的空間。從高處吊掛下來時，建議使用葉片生動展開的絲葦。請以鐵絲固定，避免掉落的危險。

idea 15

將古材立起，
成為陳列壁面

▶花材：大銀龍
▶道具：古材（W28×H160cm）

將古材和支架等具有陳舊感覺的素材作為第二面牆壁，自由地釘上釘子懸掛吊盆，或製作小棚架放置盆缽。懷舊風古材可裝飾大銀龍或搭配空氣鳳梨也非常可觀。

idea 16

鐵框籃
如一幅畫般地裝飾

深度約15cm的鐵絲框掛在牆壁掛鉤上，就完成了裝飾用的棚架。可放置雜貨或書本，也可讓蔓性植物攀爬其上。

▶花材：絲葦
▶道具：鐵絲框
（W25×D35×H20cm）

idea 17

藝術風抽屜
化身為植物公寓

將整個盆栽放入格狀櫃或抽屜裡，只露
出葉片部分，你覺得如何呢？就像臥室
和客廳般打造出植物的公寓。抽屜直接
開著也很具時尚感喔！

▶花材：絲葦（上）、念珠星（正中央抽屜）、
銀樺（左邊抽屜）、螺旋蘭（右下抽屜）
▶道具：抽屜（W180×D30×H70cm）

idea 18

非常適合和室空間的
鐵鏽色大盤

不使用花盆而使用大型盤狀容器，陳列
顏色鮮豔的孤挺花。以大盤子裝飾可顯
出植物端莊的模樣。鐵鏽色沉穩的器
皿，不但很符合藝術風格的室內設計，
也很融入和式風格喔！

▶花材：孤挺花
▶道具：鐵銹色大盤（Φ 80cm）

透過道具呈現高度

以具高度的容器來進行植物裝飾，就可以將植物放置於視線可及的高度，成為聚焦的重點植物。活用蔓性或葉片茂密的植物來呈現嶄新的風情。

idea 20

上下展開的鋸齒仙人掌，放置於托架上

使用採收馬鈴薯時吊掛麻袋的馬鈴薯托架為道具。因為高度約130cm，可觀賞360度自在擴展開來的鋸齒仙人掌。放置於客廳沙發旁，特別能吸引訪客的目光。

▶花材：鋸齒仙人掌
▶道具：馬鈴薯托架（Φ78×H130cm）

idea 19

延伸的莖蔓優雅地垂下

莖蔓沿著地面爬走的匍匐性綠色植物，放置於具有高度的燭台上任莖蔓自然垂下，醞釀羅曼蒂克的感覺。因為不受場地侷限，可放置於樓梯轉角處或露臺空間增添色彩。

▶花材：天鵝絨葛藤
▶道具：燭臺架（Φ16×H145cm）

idea 21

摩登的
綠色柱子

以鐵銹色鍛鐵插入高且長的黑色盆鉢裡，做出超過2m高的綠色柱子。盆鉢和鍛鐵都採用暗色調，呈現摩登的感覺。鐵製支柱在家具五金等材料賣場都能買到，裁剪成1.5m的高度較方便使用。

▶花材：大銀龍、雨傘花
▶盆鉢：陶器鉢（W24×D24×H77cm）

idea 22

以玻璃花瓶
凸顯根部的趣味感

將蝴蝶蘭插入具高度的玻璃花瓶裡，可同時觀賞根部的生動感。放在客廳作為焦點植物，讓客人百看不膩。屬於附著植物的蝴蝶蘭，因為不需在土壤裡伸展根部，只要以噴霧器給予水分，就可以一直欣賞到花期結束，相當輕鬆。

▶花材：蝴蝶蘭
▶盆鉢：玻璃花瓶（Φ21×H56cm）

idea 23

凸顯絲狀
仙人掌的個性

圓柱體的高陶盆鉢裡種植絲狀仙人掌，任其自上方覆蓋而下，自然地往下垂。柔軟的莖部呈現出柔和的線條，令人覺得充滿魅力。另一個高度對比較低的盆鉢裡種著茂盛的臥牛。兩個盆鉢並列展示非常有趣。

▶花材：絲狀仙人掌、臥牛
▶盆鉢：陶鉢・大（Φ22×H60cm）、小（Φ24×H28cm）

空 氣 鳳 梨
為 主 角

空氣鳳梨只要吸收空氣中的水分就能成長。

因為沒有土壤，

容易和雜貨進行搭配凸顯主題。

應該能激發更多的創作慾望。

●如何照顧空氣鳳梨

雖說是空氣鳳梨，但並非完全不需要水分。春～秋生
長期間，每週約1～2次以噴霧器進行給水。以其特
性來說，給水並非在早晨，而是傍晚到夜間進行較
佳。此外，一個月1～2次將其浸漬於室溫程度的水
中約4～8個小時，進行「浸水」使其充分吸收水
分。避免陽光直射，放置於通風良好的地方。

---

idea 1

如沙拉般地
盛裝於高腳盤上

鋪上葉片纖細的松蘿鳳梨，上方盛放立
體狀的品種。看起來好像盛裝於玻璃製
高腳盤上的清涼沙拉，可不經意地裝飾
於餐桌周圍。

▶空氣鳳梨：松蘿鳳梨（西班牙水草）、
山月桂花
▶花器：玻璃高腳盤（Φ25cm）

idea 2

乾燥花環作出動態，
提升優雅感

使用乾燥葉片做成的花環，搭配空氣鳳
梨，能大大提升新鮮植物的端莊優雅
感。使用葉片彎曲延伸的大天堂等呈現
生動活潑的感覺。

▶空氣鳳梨：大天堂、小白蝶

idea 3

如主題般
裝飾成獨特造型

因為屬於根部凹凸不平且充滿趣味的大
型品種，因此大膽地反過來將根部朝外
擺放，非常有趣。盛放在燭台等具高度
的台子上能吸引眾人目光。

▶空氣鳳梨：霸王鳳、松蘿鳳梨（西班牙水草）
▶花器：藝術燭臺（H60cm）

idea 4

如雕刻般陳列，
和石缽相當契合

具有藝術風味的高腳杯石缽為容器。以犀牛角等葉片銀白色的品種來貫穿空氣鳳梨的組合，完成後充滿成熟的大人味。

▶空氣鳳梨：犀牛角
▶花器：高腳杯石缽（Φ11cm）

idea 5

小小植株
成為風中搖曳的動力

植物的藤蔓或枝條束成環狀，小小
株的空氣鳳梨以細線懸掛垂吊著，
感覺像是天然的動力裝置。線鬆鬆
地綁在植株根部。枝條間放置小小
圓形植物也很可愛。

▶空氣鳳梨：貝姬、紅寶石、松蘿鳳梨（西
班牙水草）、棉花糖

idea 6

圓形藤蔓
看起來像鳥巢

將亮茶色的藤蔓塑形成如標點符號般的
圓形，纏繞著亮綠色系列的空氣鳳梨。
做成小尺寸隨意地放置，非常適合自然
風格的房間。

▶空氣鳳梨：小精靈、血滴子、虎斑

▶空氣鳳梨：小天堂、小白蝶
▶花器：木製蠟燭台（H18cm左右）

idea 7

畸零空間
放置蠟燭台

若有窄小的畸零空間，可擺放好幾個形狀各異、大小不一的
蠟燭台，種植空氣鳳梨並列裝飾。不要整齊排列，面向也不
要一致，交錯擺放更能凸顯味道。

▶空氣鳳梨：霸王鳳
▶花器：石框（W20×H38cm）

idea 8

銀葉系植物
妝點法式時髦空間

以白色及單色調為主的法式室內設計，使用銀葉系的空氣鳳
梨，很容易就能和空間融為一體。建議使用霸王鳳等品種。

idea 9

洋溢生命力的
綠色主題

大型枝條自天花板上垂吊而下，空氣鳳梨之間也垂掛著許多能呈現茂密感的松蘿鳳梨，整體看來彷彿房間中的一座森林。植物隨風搖曳的樣子也讓人覺得心曠神怡。

▶空氣鳳梨：松蘿鳳梨（西班牙水草）、樹猴

idea 10

活用於室內設計，
享受分株及花朵之美

原本是附著在木頭或岩石上生長的空氣鳳梨。若以鐵絲或繩索將其固定在漂流木或軟木樹皮上使其附生，成長後即可取下子株分種，也有開花的品種，能充分享受種植的樂趣。

▶空氣鳳梨：松蘿鳳梨（西班牙水草）、貝姬
▶花器：藝術風欄杆（H150×W40）、古材

idea 11

大人可愛風的
花束及頭飾

以空氣鳳梨製作花束及頭飾，比鮮花更顯成熟生動。乾燥藤果為重點，使用纖細且曲線優美的小株紅三色。

▶空氣鳳梨：紅三色、小白毛、紅小犀牛角、白毛毛

idea 12

漂浮在空中的
柔軟靜物

彷彿單獨存在空中般具有動線感的枝條以細線垂下。選擇葉片呈同心圓狀伸展或圓形植物，其獨特的模樣令人會心一笑。

▶空氣鳳梨：蘇斯萊

個 性 化 乾 燥 植 物
適 合 裝 飾 空 間

所謂「乾燥花」是否會讓人覺得過於羅曼蒂克呢？

但是，除了花之外，以葉片、藤蔓、果實等乾燥物為主的裝飾品，和時

髦的室內空間卻很契合，是目前令人矚目的主要風格。

若想營造個性化的空間，一定不可少的項目。

在此介紹以乾燥植物裝飾照明用具的方法。

●乾燥植物的基本概念
將植莖束起後倒吊於陽光無法直射、不具溼氣且通風良好的室內空間，是乾燥植物最簡單、最傳統的作法。以開花之前的狀態進行乾燥會比較好，果實、花穗等則趁其尚未成熟前進行乾燥。枝條不倒吊，直接任其乾燥也OK。

idea 1

懷舊風格大膽
搭配大型藤蔓

以紅藤和葡萄藤做成大型環狀，殘留綠色的白珠藤隨意地束起，花朵則使用白玫瑰或滿天星，控制顏色的數量來呈現沉穩感。

▶花材：紅藤、葡萄（藤）、紫陽花、玫瑰、牛膝、日本女貞、刺芫荽、白珠藤

idea 2

相框邊緣藝術化

藝術畫相框邊緣，很適合時尚的房間設計。圖畫或照片不加裝飾，僅纏繞乾燥花也能呈現藝術感。左邊的紫陽花是色彩不鮮艷的乾燥花。右邊是將含羞草剪短後綁起來做成的乾燥花。

▶花材：紫陽花、尤加利、含羞草

idea 3

製造獨特光線的
幻想空間

將吊燈裝飾上乾燥花後，就能成為
光線優美的吊燈。40W以下的燈泡
都很安全。以雲龍柳纏繞吊燈而
成。豬籠草如小小果實般垂下，煞
是可愛。

▶花材：尤加利、雲龍柳、豬籠草（以上乾燥）、松蘿鳳梨（空氣鳳梨）

(idea 5)

以十字架
凸顯白色牆壁

由木頭製成的藝術風十字架，能輕易地
懸掛於任何地方，屬於如畫般的雜貨之
一。以雀瓜藤蔓和果實綁住十字部份，
垂下的藤蔓表情特別優美。

▶花材：臭雞屎藤、雲龍柳、紫陽花
▶花器：十字架（W34×H71cm）

idea 4

乾燥吊燈
為天花板增添美麗色彩

因為乾燥植物質地輕盈，只需要圖釘或鐵絲就能將其從天花板上垂吊下來。以雲龍柳藤蔓做出約直徑50cm的大型球狀體，再將喜歡的乾燥植物呈流蘇狀垂下，照片上為紅鳳豆（刀豆）的果實。

▶花材：雲龍柳（藤蔓）、長春藤（藤蔓）、紅鳳豆（果實）、紫陽花

idea 6

女性風情的
門環裝飾

將白色玫瑰花和葉片、大理花等綁起來懸掛於天然風的門框上。如照片所示在門框上綁成蝴蝶結狀更具有清純少女的感覺。

▶花材：大理花、玫瑰、刺芫荽、捲鬚、疏葉卷柏蕨、紫陽花、檸檬葉、尤加利

idea 7

自然吊掛乾燥花束

乾燥花束的花朵數量少些，能呈現時髦的感覺，添加細枝就能作出生動感。放進懷舊風格的鐵絲籃裡，隨意地做成吊籃相當漂亮。

▶花材：橄欖樹、雲龍柳、含羞草、蘆筍（石刁柏）、薔薇綠冰
▶花器：鐵絲籃（Φ32×H18cm）

idea 8

沿著窗框纏繞，
呈現浪漫氛圍

沿著窗框或壁面棚架裝飾時，刻意做成
彎曲形狀呈現動態感，相當美麗。以粗
鐵絲作為乾燥花飾的中心軸即可配合裝
飾地點輕鬆地改變形狀，相當方便。

[材料]

□ 乾燥山龍眼（葉片）……約
20cm的長度備用。

□ 乾燥含羞草＜銀荊＞（花）
……約20cm的長度備用。

□ 乾燥尤加利·銀幣（葉片和
果實）……約20cm的長度備
用。

how to

① 將剪成約20cm長的山龍眼葉
片和尤加利葉片綁成束狀。

② 添加含羞草花，調整成捧花
狀，根柄處以鐵絲綁緊束
起。

③ 在②的捧花根部，縱向交錯
地加入適量的山龍眼、尤加
利、含羞草後以鐵絲綁起，
如此重複進行，加長後即告
完成。

idea 9

乾燥花門飾

因乾燥而產生優雅質感的乾燥花和乾燥葉片組合後,更能凸顯其美感。白色紫陽花透過乾燥的過程,產生通透的純白感。可將其做成門飾風格的裝飾物,吊掛於門面或牆壁上。

[材料]

□ 乾燥尤加利・銀幣(葉片)
……自葉柄處摘下乾燥即可。

□ 紫陽花(花)花束……以乾燥花脫色液脫去顏色,乾燥後再分成小房狀。

乾燥花通常都是將鮮花浸泡於脫水、脫色專用液中脫色後,染上自己喜歡的顏色,再進行乾燥而成。此處所使用的素材脫色後並不另行染色。

how to

① 以鐵絲穿過一片尤加利葉後,再穿過另一葉片。

② 再取一房紫陽花,莖部以鐵絲繞綁。

③ 再取另一房花,和②的花朵反向,莖部處也以鐵絲繞綁,然後鐵絲繼續穿過葉片。

④ 重複①~③的順序,葉片兩片、花朵兩房…以鐵絲綁住即可完成。

idea 10

花間流洩淡淡光線，
寢室充滿清爽感覺

藝術風格的盆缽裡，裝飾著喜歡的華麗乾
燥花。小燈泡沿著纏繞，成為溫柔的間接
照明。就連熄燈後的感覺都如詩如畫，可
呈現臥室奢華的感覺。

[材料]

A. 乾燥黑種草果實……準
備黑種草等透光的帆船形果
實，倒地鈴、唐棉等也可以
以。
B. 喜歡的乾燥花……莖部
剪短後備用。此處使用玫
瑰、紫陽花、海芋。
C. 喜歡的乾燥葉片及果
實……莖部剪短後備用。在
此使用玫瑰及海芋。

□ 高腳杯型盆缽……作為燈座
使用，其他物品替代亦可，條件
是缽底必須開孔。

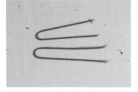

□ U型夾……用來固定乾燥花，
約準備10支，可用鐵絲替代。

□ 小燈泡……直徑4～5mm小型
燈泡。約準備10～15個。

□ 插座……讓燈泡亮起的插
座。

□ 綠綿（插花吸水專用海
綿）……裁切成盆缽大小備用。

how to

① 連接燈泡和插座。將小燈泡
穿過盆缽底部的小孔。

② 燈泡電線拉出後，鋪入綠色
吸水專用海綿。

③ 將乾燥葉片、花朵、果實均
勻地插入海綿裡。先將葉片
沿著容器邊緣插下，花朵則
從較大型者開始。

④ 調整外形後，插入帆船形果
實，如此即完成植物配置。
因為此處會成為發光源，所
以前後左右必須均勻地分
配。

⑤ 小燈泡沿著草花周圍環繞，
並插入黑種草果實裡。

⑥ 電線隱藏入花草中避免外
露，最後以U型夾固定即告完
成。

idea 11

樓梯及屋簷下
隱約可見的
豬籠草燈

形狀如襪子般的豬籠草果實，散發
幽微的獨特亮光。木板則使用古材
呈現懷舊氛圍。配合室內設計的感
覺，使用天然木材或藝術加工木材
動手做看看吧！

除了豬籠草以外，帆船形果實
（酸漿、倒地鈴、黑種草等）
也能做出相同的燈具。

[材料]

□ 乾燥豬籠草果實……外形小巧可愛，乾燥後備用。

□ 木板……長120×10cm，可選擇自己喜歡的材質或尺寸。

□ 小燈泡……直徑4～5mm小型燈泡。約準備10～15個。

□ 插座……讓燈泡亮起的插座。

how to

① 將乾燥豬籠草果實暫時放置於木板上，衡量適合的位置。重要的是必須配合小燈泡的間隔來思考豬籠草的擺放位置。

② 豬籠草的擺放位置以鉛筆作出記號。先以電鑽在木板上開孔，做出小燈泡插入的孔穴。沒擺豬籠草的位置也必須配合燈泡的間隔，開出適當的孔穴。

③ 如照片所示，從木板內側將燈泡插入②開出的孔穴中。

④ 為了讓光線能穿透，豬籠草上以鑽子開出小孔。

⑤ 將小燈泡插入豬籠草裡，以白膠固定在板子上，連接燈泡和插座即可完成。豬籠草的面向最好相互交錯，只要整體取得平衡即可。

愜意地生活在綠意盎然中
My Green Life

Buriki no Zyoro 聚集了喜愛綠意的人們。

家裡該種植什麼樣的植物？

該如何配置？該陳列於何處？

和植物共同生活的訣竅又是什麼？

……羅列了和植物一起愜意生活的人必看的內容。

My Green Life { 1 }

My Green Life { **1** }

My Green Life { **1** }
藝術雜貨商店Wish負責人
hiro 先生

整體使用天然的藝術雜貨，
不管從什麼角度欣賞，
陽台看起來都像歐洲花園般如詩如畫

「一踏出陽台，完全不同於一般
公寓陽台的優美風景，立刻在眼前
擴展開來。想要打造出不同於一般
公寓陽台的感覺，充分洋溢著自然
氛圍的花園」。在Buriki no Zyoro
負責規劃的豐田先生如此說道。
「以水壺或盆缽等藝術小物來栽種
綠色植物，打造如歐洲花園般的陽
台綠意。憧憬砌牆旁綠意盎然，沒
有盆缽只要鋪上土壤就能種植香草
等景象，若真能實現就太令人心滿
意足了。」

話雖如此，事實上要完成這樣的
陽台夢想，必須先了解公寓陽台使
用的法規。
「因為公寓陽台的公用持分，無法
自由取得運用，所以為了避免破壞
整體的氛圍，必須在活用綠色植物
或藝術小物方面特別用心」。

因為用心投入且運用創意巧思，
所以豐田能徜徉於優質的陽台綠意
花園，和綠色植物共同成長，非常
開心。

point ③
鐵絲桶裡鋪放苔類合植草花，栽種能開出藍色、淡紫、粉紅等淡色系花朵的小型品種，和藝術風格的小物相容性佳，非常漂亮。

point ②
將爬滿金線蓮藤蔓、鑲著木框的鐵絲網掛在窗邊牆壁上。因藤蔓延伸生長，讓窗戶外側如綠色花園般美麗。

point ④
防水墊布上鋪放薄土，種植茂密香草的空間裡，布置充滿味道的紅磚或小物。即使在陽台，也能像在實地上種植綠色植物般。

point ⑤
陽台的扶手以木框覆蓋，上方鋪設藝術紅磚，就能成功地進行遮掩。讓常春藤等蔓性植物到處攀爬，就算空間有限也能呈現深度感。

point ⑥
石板堆疊的縫隙中，生長茂密的嬰兒淚。縫隙中鋪的也是白色系的小碎石，能使整體呈現柔和的色調。

point ⑦
無法隱藏的排水管線，以鐵絲網捲住後讓金線蓮攀爬，以綠意緩和無機質的生硬感覺。

My Green Life { 2 }

木質層板的陽台擺放盆栽，
打造出專屬自己的空間

　　沒有遮陽物，陽光充分灑落的木頭層板陽台，並非公寓中閒置的某個空間而已。高橋小姐因受到這陽台吸引而搬到這個房間。受朋友引薦到Buriki no Zyoro，從此如願以償地開始了嚮往的綠意生活。假日時在陽台享受早餐，夜晚在蠟燭或吊燈下小酌，從平日的緊張感中解放出來，成為輕鬆的享受空間。「因為特別喜歡濃密且具有份量的綠意感，所以擺放了許多綠色植物，彷彿置身於森林般，今後仍想繼續增加植物的種類和數量」

　　高橋小姐將陽台分成兩個區塊，一區採用充滿野趣的澳洲系植物和鍛鐵椅子，營造度假的氛圍。另一區則種植可以食用的香草植物，打造如小型田園般的農田風格。管理上需要注意的也僅止於避免缺水而已。季節及土壤則視情況稍微留意即可。若以盆缽呈現綠意，只要依照自己的喜好組合植物，就能充分享受輕鬆的空間。

point **1**
陽臺左側聚集大型盆缽，茂密綠葉中擺放桌椅，即成為輕鬆愜意的空間。此區以澳洲系個性化植物為主。

point **2**
右側聚集了迷迭香及野草莓、檸檬等可食用的香草和結果品種，日日陶醉於對生活有益的綠色植物中。

point **3**
木製工作台不只是使用於換盆或修剪時，也能擺設小型香草盆缽，讓植物充分享受日光浴喔！

point **4**
太陽下山後在燭臺上點亮燈火，在四周綠意環繞中輕鬆地度過每個夜晚。四周漂浮著香草的淡淡香氣，能充分享受輕鬆的夜晚時光。

My Green Life〔 2 〕

My Green Life { 3 }

My Green Life { 3 }

攝影師
良知慎也 先生

搭配廢棄家具和植物，
營造異國情調的綠屋

一打開玄關的門，映入眼簾的是綠意盎然的寬廣空間。附帶閣樓的單間房，中古家具及個性物品湮沒於纏繞的綠色植物中，彷彿迷失於某個遙遠國度般呈現不可思議的氛圍。

聽說良知先生一直想要利用喜歡的傢俱及雜貨打造舒適的房屋，經過多次錯誤的嘗試後，自然而然形成這般綠意盎然的景象。此外，植物逐漸增加後，就形成了如今與植物共同分享房間的氛圍。

「沒有一株植物的外形是完全相同的。而且，隨著每日的生長，植物表情也會跟著改變。植物數量增加之後，總覺得待在家中的時間過的非常快」

植物以多肉植物和空氣鳳梨為主。個性化植物種在廢棄家具及雜貨中，形成獨特的感覺。莫非良知先生刻意地選擇適合環境生存的植物嗎？

「事實上，我並沒有詳細調查植物的性質，僅憑著感覺挑選。雖然也開空調，但不太在意換氣，但或許是因為日照狀況非常良好，至今仍沒有發現什麼不妥之處」

只有在植物狀態乾燥時，以噴霧器給予水分而已。不特別積極，也不神經質，就當作室內設計的一部分，自由地陶醉在綠意生活中。

point 1

木製的網狀窗戶從天花板垂下，陳列雷歐米納等空氣鳳梨。網狀窗戶和空氣鳳梨都很輕盈，不必損及天花板或牆壁就能進行裝飾。

point 2

落地生根、玉露、臥牛等各種各樣的多肉植物並列於藝術風格的玻璃展示櫃中。先鋪放青苔草後再放置盆缽，就能提高質感。

point 3

展示洋裝用的軀幹人形，插入荷花或向日葵等乾燥花。前方的綠色植物是大型的絲葦，從天花板垂掛下來。

point 4

尿尿小童的主題裝飾上纏繞著空氣鳳梨。右邊也陳列了許多多肉植物盆缽，處處充滿童趣之心。

My Green Life { 4 }

明日世界 報刊經理
杉山耕平 先生

追求憧憬的多肉植物花園，
深深被謎樣般的多肉植物所吸引⋯

　　一家人都喜歡園藝，從花木到香草、野菜，一直到現在，杉山先生仍沉醉於多樣植物的樂趣中。雖然玄關通道及中庭、室內等都充滿了優雅的植物，但是杉山先生最喜歡的還是自己臥室窗簾打開後，映入眼簾的開闊中庭。那裡種植了巷弄中不起眼的多肉植物。

　　「因為嚮往美國西海岸大型多肉植物群生的風景，為了想要打造出這樣的感覺，所以不斷地嘗試錯誤。因為多肉植物不耐雨水和寒冷，種在戶外可說是相當勉強，但必須相信植物的適應能力。首先庭院地面先挖掘幾公尺，更換排水性較佳的土壤。在根部著生之前，都必須慎重對待，氣溫過低時要懸掛帳篷保暖。」

　　當這些植物確實扎根於庭院後，就能成為健康生長的多肉植物。不只在庭院，就連自己的房間也都是多肉植物，合計約有100株以上吧！

如此一來，管理工作應該很麻煩吧？

　　「相當費工夫啊！但是，工作疲憊回到家中，動手整理植物也能讓心靈得到休息」杉山先生透露出和植物和諧共處的祕訣。

　　「一開始先不要管環境或生態，看見喜歡的最好就買回家。因為內心喜歡，照顧起來也就不覺得辛苦，接著自然會去思考如何才能讓植物生長得更好的方法」

point ❶

房間窗戶正對著種滿多肉植物的
庭院。室內的窗邊放置盆缽，做
出和中庭相連貫的感覺。

point 2

引以為傲的多肉花園。土壤的比例是研究後的成果。在基底土壤裡混入紅玉土，目標是澆水時，水分能瞬間排除。

point 4

雖然是牆壁上藝術品的間接照明，卻也映照出盆缽裡蘆薈樹的影子。盆缽偏好黃色、青色等陶器製的鮮豔顏色。

point 3

虎尾蘭上掛著帽子。「植物真的很可憐，千萬不要常常這麼做」杉山先生笑著說。

point 5

手正觸摸的是以鐵絲從天花板垂吊下來的空氣鳳梨。為了讓吊掛植物變得較為容易，聽說是活用了洗衣房裡的晾衣用掛勾。

point 6

充滿野趣的附生蘭花種植在樹蕨板上。雖然蘭花的溼度、溫度管理並不容易，但挑戰這些困難也是件有趣的事情。

PART: 2

多 肉 植 物 更 有 趣

膨脹鼓起的可愛葉片以及透光的半透明美麗葉片、

石化花朵般以及寶石般圓滾滾的種類等，

呈現不同品種多肉植物的不同表情。

近年來容易買到的種類日益增加，

深受其魅力吸引的人數也持續增加中。

想像合植後植物獨特的姿態，讓人心滿意足…。

使用多肉植物進行合植

「多肉植物」主要生長於乾燥地區，在水分極少、冷熱差距激烈的環境中
也能延續生命，屬於葉片或莖、根部具貯水功能的進化植物。
為了因應嚴苛的環境而改變樣貌的獨特姿態，
具有豐富的色彩及形狀，據說其數量光原生種就高達1萬種以上。
發現一株自己喜歡的植物後，
將其種植在喜歡的盆缽裡作為裝飾，會日漸產生愛戀之情。
若以合植的方式種植，樂趣就更廣泛了。

多肉植物的快樂生活

　　培育多肉植物的最大優點就是照顧工作很簡單，
只要注意擺放位置或給水頻率，即使不擅長栽種植
物的人也能栽種。

　　此外，這種多彩多姿的樣貌，不僅止於一般有刺
的「仙人掌」印象。葉片胖嘟嘟的可愛佛甲草、葉
片如開花般規律地展開的石蓮花、如滾動石頭般的
稚兒櫻等，每種葉片及顏色、外形都不一樣。豐富
多樣的姿態，具有百看不厭的魅力。

　　將這麼多采多姿的多肉植物合植在一起，快樂的
感覺應該更加倍吧！莖部大肆延伸的品種聚集時，
充滿無限樂趣。個性化品種大量聚集時，形成如小
宇宙般的多肉世界。請自由地透過想像力為自己做
出賞心悅目的組合並愉快地享受多肉植物陪伴的生
活吧！

合植的訣竅

盆缽需配合室內風格

　　因為多肉植物不需要大量土壤，所以不受限於園
藝用的盆缽，建議選擇材質與形狀可與室內設計風
格搭配的容器。大型的華麗品種可搭配具個性化的
盆缽作為主題植物。此外，莖部會延伸生長的品種
可搭配具高度的盆缽或吊盆等，依照多肉植物的顏
色及形狀費點心思吧！另外，建議初學者選擇環境
喜好相近的品種進行合植較佳。

作業時的注意事項

●從土裡取出植株時，動作盡量小心，不要傷及根
部及葉片。
●完成時為了避免植株搖晃不定，請以鑷子或湯匙
確實按壓根部的土壤，使其穩固。
●完成後的第一次澆水，請於種植一週後植株穩定
時進行。
●澆水時從根部開始。若從葉片上澆水會導致水傷
及蟲食。

培育須知

要了解植物喜好的環境

　　多肉植物普遍被認為很容易栽種，但也有不少人經歷過果實枯萎的例子，其關鍵就在於注意給水的分量和日照的狀況。為了讓多肉植物持續生長不枯萎，必須要了解該品種原生長地區的氣候及環境，調整給水或溫度。

要注意夏季的溼度、冬季的寒冷

　　幾乎所有多肉植物都苦於夏季的溼度和冬天嚴厲的寒氣。一般以為多肉植物都喜歡暑熱的環境，但日本夏季高溫多濕的環境對原產於乾燥地區的多肉植物來說無疑是極為嚴苛的挑戰。避免直接日照，最好放在不受雨淋、通風良好的場所。

　　此外，不耐低溫及霜雪，建議冬天時放置於可受日照的窗邊。為了避免日照不足，天氣好的暖日放在戶外短暫受日，相信若如此用心地照顧，就能一直充滿活力。

適當的澆水量

　　澆水時，要確保盆缽中的土壤完全濕潤。最佳時間點為晴天上午（夏季則為早晨或傍晚）。若盆缽中土壤已經完全乾透時，則不限於澆水時段。若缺水時，仔細觀察會發現葉片產生乾癟紋路。生長期間，大約一週或十天給水一次。

　　底部沒有開孔的盆缽，為了避免澆水過多造成根部腐爛，更要特別注意澆水量。

讓人感覺溫暖的合植盆栽，呈現田園鄉村般的景色

鐵絲製的蛋籃主要用於運送收穫的蛋類。簡單的蛋籃襯托各種各樣的多肉植物。以石蓮花或佛甲草等葉片排列規律的品種為主，聚集顏色及葉片形狀各異的種類，均衡地完成配置。

[Plants]

奇幻鳥
[Echeveria racemosa]
石蓮花屬。黑色調的深綠色葉片給人時髦的感覺。葉肉厚，內側有彎曲的縐褶為其特徵。

月兔耳
[Kalanchoe tomeotosa]
落地生根屬。如兔耳般延伸增長的葉片表面覆蓋著柔軟細毛，葉片邊緣鑲著茶色，春、秋時期的綠色更加鮮明。

靜夜
[Echeveria derenbergii]
石蓮花屬。略帶白色的美麗圓形葉片，如花朵般展開，尖尖的葉片前端染著紅色。日本名之為「靜夜」。

虹之玉錦
[Sedum rubrotinctum cv. Aurora]
佛甲草屬。如細長玉石般的葉片連綴群生。日照狀況良好時，葉片顏色會轉為粉紅色。

紅葉祭
[Crassula cv.Momiji Matsuri]
青鎖龍屬。隨著天氣變冷，葉片會轉為漂亮的紅色。生長速度較快，容易栽種。

苔類
雖然苔有各式各樣的種類，但灰苔蘚、澤苔蘚、羊苔蘚、絲柏苔蘚等葉片細長延伸的苔類，與日式和洋式風格都很搭。大都以腳踏墊的形式來販售，25cm的四方形就OK。

how to

① 浸泡過水的青苔，以剪刀剪成約半個桶子的高度。考量美觀的角度，將綠色青苔面朝外側地鋪入桶子裡。

② 以椰子纖維鋪底。椰子纖維具良好的排水性，確實鋪緊可避免根部附著的土壤溢出。

③ 連根帶土將多肉植物依序地植入底座上。

④ 以鑷子將撕下的小塊青苔填入空隙間以固定植株。

〔種植順序〕
❶ 奇幻鳥…從大型植物開始種起。配置於中央位置為訣竅。
❷ 月兔耳…帶白的綠色，生動呈現和奇幻鳥所形成的對比。
❸ 靜夜…如花朵般展開的葉片，增添幾許華麗感。
❹ 虹之玉錦…帶粉色的葉片為視覺焦點。
❺ 紅葉祭…配置於縫隙之間。
分株種植均勻地完成。

【完成後的照顧】
夏季避免陽光直射，注意水分不可過多。對於寒冷抗力不佳，建議冬天放置於室內並抑制水分。

[Pot & Tool]

置蛋籃
（Φ 11×H25cm）
由鐵絲製作而成的籃子。可藉由把手掛在牆壁或垂吊下來，裝飾於不同的場所。

以植物藤蔓凸顯花器。
活用自然形狀，
感受鮮活綠意的呼吸

將植物的藤蔓束起後作為佈置。就算稍微歪斜，也擁有恰如其分的感覺。除了千里光屬之外，建議也能使用青鎖龍屬等莖部延伸的品種。為了避免崩塌，一開始製作紮實的底座非常重要。

[Plants]

特葉玉蝶
[Echeveria cv.Topsy Turvy]
石蓮花屬。表面帶有薄薄白粉的
葉片，特徵性強的中型品種。葉
片朝外折起的立體形狀在合植中
相當突出。

萬寶
[Senecio serpens]
千里光屬。屬於性質強健容易栽
種的品種。延伸的莖部上長著細
長厚肉的葉片，覆蓋白粉、略帶
青色的濃綠葉片非常優美。

美空鉾
[Senecio antandroi]
千里光屬。明亮的淡綠色葉片給
人新鮮的感覺。葉片朝上延伸生
長為其特徵。

[Pot]

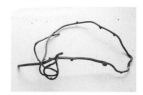

植物藤蔓
使用紅藤、葡萄、玫瑰、奇異果
等容易取得的藤蔓。若過於乾
燥，彎曲時容易斷裂，所以請選
擇仍有溼氣者為佳。

① 將藤蔓彎曲做成大小約30～
40cm的環狀，同樣的方式做
出好幾層重疊的環狀。最下
方處作為中心以手支撐，就
像 做個球形般地重疊為訣
竅。

② 圓球的中心下方，將數支剪
成20cm齊的筆直藤蔓綁起，
當作補強用。中心部份以鐵
絲纏繞固定，製作底座吊掛
於壁面或天花板後調整平衡
感即可。

③ 將椰子纖維調整成球狀後放
置於圓球內的中心位置。為
了避免根部附著的土壤外
漏，必須沿著藤蔓紮實地鋪
緊，使其穩定。

④ 將美空鉾連根帶土植入椰子
纖維的底座裡。若土壤已經
外漏的情況下，可以連同盆
缽一起放入。

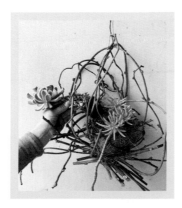

⑤ 依序將特葉玉蝶、萬寶植入
底座。從長度較長的植物開
始配置，完成後均衡感較
佳。土壤不足的情況下，最
後以湯匙追加補土即可。

【 完成後的照顧 】
放置於通風良好的窗邊或屋外為佳。
要避免陽光直射及連日大雨的傷害。

使用玻璃瓶進行合植，
打造屬於自己的小小植物園

玻璃瓶中種植了許多個性化的多肉植物。
有刺的、蓬鬆的、筆直往上的……，各種
奇怪的外形變化，不管從哪個角度看，都
是充滿幻想的世界。各品種的顏色、外形
都不一樣，高低有致，很容易組合成小型
盆栽。

[Plants]

老樂
[Espostoa lanata]
多棱球屬。綿綿細雨般的白色
蓬鬆細毛為特徵的柱狀體仙人
掌。看起來綿軟蓬鬆的外表
下，會長出尖銳的刺。

克拉夫
[Crassula clavata]
青鎖龍屬。濃綠色葉片肥鼓鼓
的，略帶紅色的葉片在合植時
非常亮眼，有聚焦的效果。花
莖延伸生長會開出白色花朵。

千代田之松變種
[Pachyphytum longifolium]
厚葉草屬。細細長長的葉片略
帶白色，往上延伸生長。葉片
前端會轉為楓葉般的紅色。

星星王子
[Crassula conjuncta]
青鎖龍屬。邊緣鑲紫紅色的綠
色葉片如棒狀般延伸群生，夏
天時綠色更濃郁，看起來更
美。

白檀
[Chamaecereus silvestrii]
白檀屬。耐暑、耐寒性強，屬
於容易栽種的品種。如繩子般
扭曲地延伸群生的樣子非常有
個性。會開出橙色花朵。

苔類
雖然苔有各式各樣的種類，但
灰苔蘚、澤苔蘚、羊苔蘚、絲
柏苔蘚等葉片細長延伸的苔
類，與日式和洋式風格都很
搭。大都以腳踏墊的形式來販
售，25cm的四方形就OK。

how to

① 浸泡過水的青苔，剪成約瓶子1/3的高度。綠色青苔沿著瓶底內側邊緣鋪放。

② 瓶底鋪放青苔後，放入根部防腐劑。

④ 以鑷子將撕下的小塊青苔填入空隙間固定植株。

③ 連根帶土將多肉植物依序地植入，為了讓排水良好，將炭和土以1：1的比例混合。

〔種植順序〕
❶ 老樂…白色蓬鬆的模樣可成為合植的重點。平衡地植入即可。
❷ 克拉夫…濃綠葉色為重點。
❸ 千代田之松變種…先種植大型品種，小型品種則種植於間隙間。
❹ 星星王子…外型相當有個性，種植於外側位置。
❺ 白檀…分株後配置於縫隙之間。

[Pot & Tool]

玻璃瓶
（Φ 22×H25cm）
簡單、無機質且不具裝飾感的大型藥瓶等容器，裡面可種植植物凸顯質感。

【完成後的照顧】
雖然都是屬於耐熱、耐寒的品種，但因為瓶底沒有開孔，所以要特別注意根部腐爛的問題。避免水分過多，請放置於陽光無法直射，通風良好的地方。

鐵製盆缽裡種植大型品種，
只有一株也能如詩如畫

感覺厚重的哥德式鐵製盆缽裡，最好種植具有存在感的大型石蓮花。加上周圍搭配空氣鳳梨的輕柔感，很容易融入室內設計的風格中。石蓮花有綠色、紫色、紅色等品種，色調非常豐富，請搭配盆缽顏色進行選擇。

how to

① 為了讓排水狀況良好，同時也為了調整盆缽的高度，必須先在容器底部鋪放缽底石。

② 為了讓植物能均衡地種植在腳杯上，並調整高度，再以鏟子填入土壤。

[Plants]

餘暉
[Echeveria cv. Afterglow]
石蓮花屬。葉片覆蓋一層薄薄的白粉，手一碰觸就會掉落，要特別注意。帶著一層薄薄白粉的葉片，呈現粉紅色之美。

③ 種植餘暉。根部周圍需加強補土直到盆缽邊緣的高度。

[Pot]

鐵製高腳杯容器
（Φ25×H50cm）
在歐洲，主要用在裝飾玄關，或放置於屋外門柱上作為裝潢用的鐵製高腳杯容器。

④ 將空氣鳳梨（松蘿鳳梨）捲繞在餘暉周圍。多餘的部分可任其自然垂下。

【 完成後的照顧 】
建議放置於夏季陽光無法直射、通風良好的戶外遮雨棚下。餘暉在春、秋時期每週進行一次充分的澆水，冬季則必須控制水分。因為松蘿鳳梨耐寒性不佳，所以冬季請放置於日照良好的室內。

金屬和玻璃的時尚組合，
窗檯邊裝飾異材質的綠色植物

將植莖延伸且具份量感的品種進行合
植，擺放在盛裝甜點或水果的玻璃製高
腳盤裡。主要栽種石蓮花等花朵形狀的
品種，縫隙間搭配能夠呈現份量感的佛
甲草屬植物，不管從什麼角度觀賞都非
常漂亮。

[Plants]

春萌
[Sedum 'Alice Evans']
佛甲草屬。植莖向上延伸生長，
淡綠色厚肉葉片，前端帶有些微
的紅色為其特徵。

千代田之松變種
[Pachyphytum longifolium]
厚葉草屬。細長厚肉的葉片往外
擴展，植莖往上延伸生長。帶白
色的綠色葉片呈現優雅端莊的感
覺。

虹之玉
[Sedum rubrotinctum]
佛甲草屬。圓滾滾的葉片連綴生
長為其特徵。葉片顏色會隨著季
節產生變化，夏季綠色濃郁，
春、秋整體會變成紅色。

念珠星
[Crassula marnieriana cv.]
青鎖龍屬。朝向四方延伸生長、
連綴成念珠狀的四角型葉片相當
具有個性。耐暑性強、不耐寒，
轉紅時邊緣會變為紅色。

扇雀
[Kalanchoe rhombopilosa]
落地生根屬。如扇子般的小葉片
重複數層擴展開來。帶白的銀色
葉片上有赤褐色斑紋為其特徵。

福兔耳
[Kalanchoe eriophylla]
落地生根屬。如天鵝絨般覆蓋白
色細毛的葉片，看起來非常可
愛。群聚生長，高度約10cm。

苔類
雖然苔有各式各樣的種類，但灰
苔蘚、澤苔蘚、羊苔蘚、絲柏苔
蘚等葉片細長延伸的苔類，很容
易搭配日式或洋式的氛圍。大都
以腳踏墊的形式來販售，25cm
的四方形就OK了。

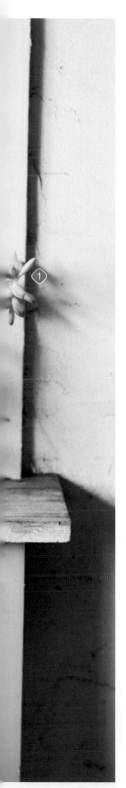

how to

① 將高腳點心盤的上、下層分開。以刀子或剪刀在塑膠容器中央開孔後，穿入下層的支柱裡，再架上上層的盤子。

② 塑膠盆缽裡放入根部防腐劑後，連根帶土將作為中心植物的春萌、千代田之松變種植入。莖部過長下垂時，可用支柱或鐵絲進行固定。

③ 接著將虹之玉、念珠星植入縫隙，調整均衡感後種下扇雀、福兔耳。

④ 以湯匙將混合少量炭質的土壤，一點一點地填入植物縫隙間，表面再補充土壤。

〔 種植順序 〕
❶ 春萌、千代田之松變種…延伸生長的植莖具動態感，能呈現生動活潑的感覺。
❷ 虹之玉、念珠星…以濃綠色葉片呈現份量感的品種
❸ 扇雀、福兔耳…將銀色感的葉片植入縫隙間作為重點。

【 完成後的照顧 】
因為不耐寒冷，冬季不宜放置屋外，並且要控制水分。雖然對暑熱抗力較佳，但仍建議放置於陽光無法直射的場所。

[Pot & Tool]

玻璃高腳盤
（W25×H35cm）
將中央的支柱鬆開即可分解成上層和下層的玻璃高腳盤，原本是盛裝點心或水果的容器。因其能呈現高度，很適合搭配具份量感的合植。

塑膠杯
（Φ 20cm）
使用超市販賣醃漬物或中華冷麵等透明的塑膠容器，開孔處先以油性筆做出記號。

藉由懷舊風的燭台及多肉植物，
就算是簡便的容器，
也能營造華麗感

具高度的木製燭臺，合植佛甲草屬等植莖
延伸生長的品種。自由延伸生長的個性化
模樣相當適合喔！

紫月
[Othonna capensis cv.]
黃花新月屬。紫色的莖和
新月狀的葉片為其特徵，
屬於蔓性多肉植物。因為
生長迅速，耐暑、耐寒性
佳，容易栽種。會開出黃
色花朵。

春萌
[Sedum 'Alice Evans']
佛甲草屬。耐寒性較強，
可在戶外栽種，屬於容易
生長的品種。延伸生長的
植莖會垂下，適合種植在
具高度的盆缽裡。

苔類
雖然苔有各式各樣的種
類，但灰苔蘚、澤苔蘚、
羊苔蘚、絲柏苔蘚等葉片
細長延伸的苔類，與日式
和洋式風格都很搭。大都
以腳踏墊的形式來販售，
25cm的四方形就OK。

[Pot & Tool]

蠟燭台
（W12×H100cm）
木製燭臺架。具高度的
盆缽能凸顯延伸垂下的
品種。

塑膠空容器
（Φ10×H5cm）
盛裝泡菜物或醃漬物等
空容器和彩繪成白色的
木器燭臺搭配。

how to

① 塑膠空容器中心處，以鑽子
開孔後，插入蠟燭台芯。

② 將泡過水的青苔配合容器大
小剪下後，鋪入容器底部，
將紫月連根帶土植入。先從
垂墜性品種開始植入，較容
易進行合植。

③ 將春萌連根帶土植入，彷彿
附著在紫月上方般配置於內
側。

④ 以鑷子將撕下的小塊青苔填
入空隙間以穩固植株。

【 完成後的照顧 】
放置於通風良好之處。紫月
避免土壤過度乾燥，必須注
意給水。對於悶熱無抵抗
力，必須避免陽光過度照
射。

醉斜陽
瑞茲麗

⑤ 另一座燭臺也以同樣的程序
將植株植入。

〔 種植順序 〕
❶ 紫月…下垂的莖部能產生華麗的份量感。
❷ 春萌…明亮帶白的綠色葉片和紫月形成對比之美。
❸ 瑞茲麗…延伸生長的粗莖給人厚重的感覺。因為會朝橫向擴
展，最先種下比較容易。
❹ 醉斜陽…圓圓的薄葉纖細地擴展開來。和瑞茲麗形成對照感良
好的平衡感。

古典的吊燈
和大戟屬植物出色的搭配

造型古典的吊燈上纏繞著彎曲延伸、擁有仙人掌棘刺的大戟屬植物。鐵器和植物，性質完全相反的東西相互融合而成的合植盆栽，在室內設計上呈現絕對的存在感。

how to

① 在喜歡的地方設置吊燈，掛上數支剪成適當長度的紅彩閣。

② 調整紅彩閣的平衡狀況，讓吊燈穩定。

③ 適當配置空氣鳳梨（龍舌蘭）的植株。若所放的位置穩定度不夠時，請以細鐵絲進行固定。

【 完成後的照顧 】
紅彩閣和龍舌蘭，只要經常以噴霧器進行給水，就算沒有土壤也能存活好幾個月。建議吊燈的位置選擇陽光可及之處。

[Plants]

紅彩閣
[Euphorbia enopla]
大戟屬。擁有紅色長刺特徵的南非原產品種。表面若損傷會流出白色汁液。

[Pot]

吊燈
鐵製的藝術吊燈。選用具有燭臺的吊燈，較容易裝飾空氣鳳梨等小型植物。

多肉植物圖鑑

在此介紹的多肉植物，從容易入手的限定品種到珍貴的個性品種，共30種。

請各位參考生長期或給水等栽培方式的要點，

選擇喜歡的品種進行栽種，長期享受其中的樂趣吧！

綾櫻
[Sempervivum tectorum ssp. calcareum]

景天科　似石蓮花屬

葉片前端的紅紫色模樣，相當具有個性。因為是原產於高山地帶的品種，耐寒性強為其特徵。直徑約4～5cm，就算單株種植也相當具有存在感。

- ■原產地　歐洲中南部
- ■生長期　春‧秋
- ■給水　生長期的春、秋季，每當土壤乾燥就必須進行給水，夏、冬時期則必須控制給水量。
- ■栽培場所　對夏季的暑氣和悶熱抗力不佳，請放置於通風良好處，耐寒性佳。
- ■建議使用盆缽　水泥製白色簡約盆缽

霜白
[Echeveria pulvinata cv. 'Frosty']

景天科　石蓮花屬

葉片密生，彷彿薄霜般的白色細毛，帶青色的綠色葉片非常優美。因為植莖挺立生長，所以不僅能用於合植，單獨種植也能營造華麗的美感。

- ■原產地　墨西哥
- ■生長期　春‧秋
- ■給水　為了對抗寒、暑，夏、冬時期必須控制給水量。春、秋時期，只要土壤乾燥就必須進行給水。
- ■栽培場所　春～秋期間，請放置於通風良好處。冬天則放置於室內日照良好處。
- ■建議使用盆缽　建議使用白色或淡色盆缽

熊童子
[Cotyledon tomentosa]

景天科　銀波錦屬

因為圓鼓鼓的茶色爪狀葉片，形狀像小熊手掌的模樣而命名。10～20cm後，生長開始緩慢。秋天會開出黃色花朵。

- ■原產地　南非
- ■生長期　春‧秋
- ■給水　對悶熱抗力不佳。夏、冬必須控制給水量。春、秋時期土壤乾燥後就必須進行給水。
- ■栽培場所　冬天放置於室內日照良好處。夏季則放置於通風良好、陽光無法直射的場所。
- ■建議使用盆缽　木製或陶製等具溫度的素材

絨葉青鎖龍
[Crassula expansa spp. fragilis]

景天科　青鎖龍屬

別名「青鎖龍小草」。圓鼓鼓的小型綠色葉片非常可愛，性質強健，屬於容易栽種的品種。因為植莖具匍匐性，能延伸生長，和吊掛於高處的吊掛型盆缽及具高度的盆缽相容性極佳。

- ■原產地　南非
- ■生長期　春‧秋
- ■給水　夏、冬時期必須控制給水量。春、秋時期，只要土壤乾燥就必須進行給水。
- ■栽培場所　春季到秋季請放置於陽光無法直射的屋外。冬天則放置於日照良好的屋內。
- ■建議使用盆缽　具高度的盆缽

月兔耳
[Kalanchoe tomentosa]

景天科　落地生根屬

白毛覆蓋的細長葉片，看起來就像是豎起來的兔子耳，因而命名。葉緣茶褐色的斑點為特徵。因為植莖向上挺立分枝生長，容易合植，屬於人氣很高的品種。

- ■原產地　馬達加斯加島
- ■生長期　夏
- ■給水　夏季只要土壤乾燥就必須進行給水，冬季必須控制給水量。
- ■栽培場所　盛夏時放置於午後強烈陽光無法直射的屋外。冬天則放置於日照良好的屋內。
- ■建議使用盆缽　白色系陶器等優雅的盆缽

紅輝炎
[Echeveria harmsii]

景天科　石蓮花屬

覆蓋白色短毛的葉片，寒冷時期若照射陽光，葉片前端會轉成紅色。因為屬於木質品種，植莖會不斷往上生長，容易使用於合植的品種。

■原產地　南非
■生長期　春‧秋
■給水　春、秋只要土壤乾燥就必須充份給水。夏、冬時期則必須控制給水量。
■栽培場所　通風良好的向陽處。冬天則放置於日照良好的屋內。
■建議使用盆缽　淡色的簡單陶器盆缽

春萌
[Sedum 'Alice Evans']

景天科　佛甲草屬

帶著淡白色的綠色葉片，給人清幽的感覺。植莖延伸生長，合植時可將相同的佛甲草聚集，活用顏色及形狀上微妙的差異。搭配群生品種能利用的範圍就更廣泛了。

■原產地　墨西哥
■生長期　春‧秋
■給水　夏、冬時期必須控制給水量。春、秋時期只要土壤乾燥就必須給水。
■栽培場所　暑熱時期放置於通風良好的陰涼處。冬天則放置於日照良好的屋內。
■建議使用盆缽　因為植株會延伸生長，適合使用具高度及吊掛式盆缽。

白銀繪卷
[Haworthia hyb.]

百合科　玉露屬

葉片有各式各樣的紋路，在極具個性的玉露屬植物中，擁有鋸齒狀溫柔白色刺棘的品種。濃綠色的硬質葉片帶有尖銳的感覺。對暑、寒抗力較佳，屬於容易栽種的品種。

■原產地　南非
■生長期　春‧秋
■給水　春、秋時期只要土壤乾燥就必須充份給水。夏、冬時期則必須控制給水量。
■栽培場所　放置於陽光無法直射的半日陰場所。冬天則放置於日照良好的室內。
■建議使用盆缽　因為單株種植，適合個性化盆缽。

星美人
[Pachyphytum oviferum 'Hoshibijin']

景天科　厚葉草屬

帶著淡粉色如耳垂般鼓起的葉片，給人溫柔的感覺。因為性質敏感容易損傷，避免碰觸葉片或直接在葉片上澆水，要小心照顧。

■原產地　墨西哥
■生長期　夏
■給水　冬季必須控制給水量，從春季到夏季都必須給水。
■栽培場所　雖然對寒冷抗力佳，但管理上必須避免受霜。夏季放置於陽光無法直射的屋外。
■建議使用盆缽　柔軟色調的盆缽

四馬露
[Sinocrassula yunnanensis]

景天科　石蓮屬

黑色小葉片密生，莖部延伸生長的品種。因原產於中國，漢字寫成「四馬露」。獨特的葉色和形狀和銀色系的品種相容性佳，通常都能成為合植時的個性化焦點植物。

■原產地　中國
■生長期　春・秋
■給水　夏、冬時期必須控制給水量。春、秋時期則必須充份給水。
■栽培場所　夏季放置於陽光無法直射的屋外進行管理。
■建議使用盆缽　搭配葉色的深色盆缽

大雪蓮綴化
[Echeveria 'Laulindsa']

景天科 石蓮花屬

帶著淡白色的綠色優美品種。所謂「綴化」
是指一般只有一個生長點，卻因為突然變異
而呈現帶狀的狀態。柔軟群生的生長模樣非
常特別。

■原產地 交配種
■生長期 夏
■給水 春～秋期間，一週進行一次充足給水。
冬季則必須控制給水量。
■栽培場所 通風良好的向陽處。對暑氣及悶熱
抗力不佳，夏季要特別注意溼度。
■建議使用盆缽 具金屬素材等特徵的盆缽

念珠星
[Crassula marnieriana cv.]

景天科 青鎖龍屬

紫紅色邊緣的小型厚肉葉片重疊連綴，彷彿
寶塔般地分枝延伸生長。和石蓮花等大型品
種進行合植，能有效地平衡視覺。

■原產地 南非
■生長期 春・秋
■給水 對悶熱抗力不佳，夏季必須控制給水
量。春、秋則只要土壤乾燥就必須充份給水。
■栽培場所 夏季放置於不會淋雨的屋外。對寒
冷抗力不佳，所以秋冬時期請放置於室內明亮的
場所。
■建議使用盆缽 具高度容器及吊掛式盆缽

方塔
[Crassula 'Buddha's Temple'= c. 'Kimnachii']

景天科　青鎖龍屬

三角形葉片重疊交錯如塔狀般地生長。春天會開出白色小花，即使單獨一株種在盆缽裡，也能具有存在感的個性化品種。在英國為「佛塔」之意。

■原產地　交配種
■生長期　夏
■給水　夏季土壤乾燥時即必須進行給水，冬季則必須控制給水量。隨著變寒而慢慢減少給水量。
■栽培場所　冬天放置於不會過度寒冷、日照良好的室內。夏季要避免陽光直射。
■建議使用盆缽　建議使用具有和式風味的陶器盆缽

克拉夫
[Crassula clavata]

景天科　青鎖龍屬

肥鼓鼓的濃綠色葉片，日照狀況良好的情況下會轉為紅色。細長的花莖延伸生長會開出白色小花。為了凸顯葉色，使用略帶白色的盆缽或金屬容器較為適合。

■原產地　南非
■生長期　冬
■給水　生長期的冬天只要土壤乾燥就必須給水。夏季則必須控制給水量。
■栽培場所　冬季放置於日照良好的室內，必須防止溫度過高。夏季則放置於通風良好的半日陰處。
■建議使用盆缽　淡色或金屬製盆缽

不死鳥錦
[Kalanchoe cv. f. variegata]

景天科　落地生根屬

紫色葉片邊緣帶著粉紅色，具有神秘的氛圍。秋天葉緣會連著紅色的子芽，模樣非常華麗。子芽掉落地面後會發芽繁殖。對暑熱抗力強，屬於比較容易栽種的品種。

■原產地　馬達加斯加島
■生長期　夏
■給水　夏季每當土壤乾燥就必須充足給水。冬季則必須控制給水量。
■栽培場所　春、秋時期放置於日照良好的戶外。冬季則放置於日照良好的室內。
■建議使用盆缽　單株種植建議使用深色盆缽

晚霞
[Echeveria cante]

景天科　石蓮花屬

銀色大葉品種能營造優雅的感覺，單株種植也能擁有獨特的存在感。葉片表面容易受損、白粉容易脫落，所以請勿觸碰或澆水。

- ■原產地　墨西哥
- ■生長期　春‧秋
- ■給水　春、秋期間土壤乾燥就必須進行給水。夏、冬期間則必須控制給水量。
- ■栽培場所　冬季放置於日照良好的室內，夏季則放置於陽光無法直射的半日陰處。
- ■建議使用盆缽　鍛鐵製穩重盆缽

透明寶草
[Haworthia retusa]

百合科　玉露屬

顏色鮮豔端莊的葉片重疊交錯，表面帶有條紋圖案。想要順利成長，避免葉片脫落，必須具備充足的陽光。但若光線過於強烈，葉片會轉為茶色，也要特別小心。

- ■原產地　南非
- ■生長期　春‧秋
- ■給水　夏、冬期間必須避免過度給水，春、秋期間，土壤乾燥就必須進行給水。
- ■栽培場所　日照良好的室內，冬天要避免溫度過低。
- ■建議使用盆缽　建議使用和植物大小相同的盆缽

紫蠻刀
[Senecio crassissimus]

菊科　千里光屬

青綠色葉片邊緣帶紫色，呈現色彩對比之美的品種。植莖直立生長。對暑、寒的抗力佳，容易栽種，會開出黃色花朵。

- ■原產地　馬德加斯加島
- ■生長期　夏
- ■給水　春、秋期間正常給水，夏季土壤特別乾燥時進行給水。冬季則必須控制給水。
- ■栽培場所　春、秋放置於通風、日照良好的室外，冬天則放置於日照良好的室內。
- ■建議使用盆缽　黑色或青色的深色盆缽

白菊
[Dudleya gnoma]

景天科　仙女杯屬

小型群生的品種，葉片的白色為其最大特徵。春季花莖延伸生長，會開出黃色花朵。日照良好的條件下，能培育出優美的葉色。

■原產地　美國
■生長期　冬
■給水　夏季必須控制水分。秋～春期間只要土壤乾燥就必須進行給水。
■栽培場所　夏季放置於不受陽光直射的清涼屋外。秋～春期間則放置於日照良好的室內。
■建議使用盆缽　能凸顯白色葉片的深色盆缽或同色系盆缽

塔葉椒草
[Peperomia columella]

胡椒科　豆瓣綠屬

擁有半透明（集光用）的小型葉片重疊交錯群生。植莖最初會挺立往上生長，然後垂下延伸生長，合植時能增添律動感。

■原產地　墨西哥
■生長期　春・秋
■給水　秋～春土壤乾燥時進行給水，冬季必須控制水分。
■栽培場所　夏季放置於不受陽光直射的屋外。寒冷時期避免溫度過低，必須放置於日照良好的室內。
■建議使用盆缽　因為植莖會延伸垂下，建議使用具高度的盆缽或吊盆。

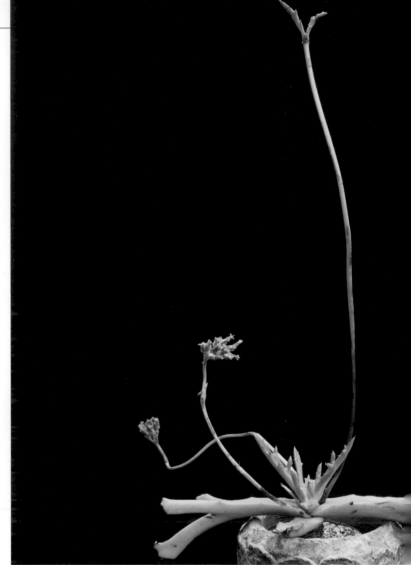

雙飛蝴蝶 '夜蛾'
[Kalanchoe synsepala 'Dissecta']

景天科　落地生根屬

鋸齒狀裂痕的細長葉片中心，春天發出花芽
延伸生長後，會開出白色花朵。葉片分歧延
伸，筆直地往上生長。因對寒冷抗力不佳，
請放置於溫度不會過低的場所。

■**原產地**　馬達加斯加島
■**生長期**　夏
■**給水**　秋～春期間必須控制給水量，夏季則土
壤乾燥時就必須進行給水。
■**栽培場所**　夏季放置於屋外，冬季放置於通風
良好的室內進行管理。
■**建議使用盆缽**　具高度盆缽相容性較佳

景天白雪
[Sedum spathulifolium]

景天科　佛甲草屬

白粉覆蓋的葉片以優美的形式重疊交錯生
長，因為需要充足的日照，所以除了極為寒
冷的時期之外，種在室外會比種在室內好。
合植時，種在大、中型的多肉植物間，具有
良好的平衡效果。

■**原產地**　墨西哥
■**生長期**　春・秋
■**給水**　夏季土壤水分容易蒸發，要避免缺水情
形發生。冬季則必須控制給水量。
■**栽培場所**　抗寒力強，整年都可放置於通風良
好的室外。
■**建議使用盆缽**　為凸顯淡葉色，建議使用同色
系盆缽。

白石蓮
[Dudleya nubigena]

景天科　仙女杯屬

覆蓋白粉的細葉呈現放射狀延伸生長，給人沉穩感覺的品種。春天會開出淡黃色花朵。對暑熱抗力不佳，要特別注意。為凸顯其存在感，最好單株種植。

■原產地　墨西哥
■生長期　春・秋
■給水　夏、冬時期必須控制給水。春～秋期間只要土壤乾燥就必須進行給水。
■栽培場所　暑熱抗力略弱，夏季放置於通風良好的場所。
■建議使用盆缽　為襯托開展的葉片，最好選擇簡單的盆缽。

紅椒草
[Peperomia graveolens]

胡椒科　豆瓣綠屬

圓形葉片造型獨特，原產於南美洲的品種。葉片內側為濃綠色，外側則為紅色，對比的顏色為其特徵。因為潮溼悶熱的環境容易導致根部腐爛，要特別注意夏季避免過度給水。

■原產地　南美洲
■生長期　春・秋
■給水　要避免給水過度，冬季必須控制水分。
■栽培場所　夏季放置於通風良好的半日陰處。冬季最好放置於日照充足的室內。
■建議使用盆缽　適合淡色盆缽或個性化盆缽

銀月
[Senecio haworthii]

菊科　千里光屬

白色棉毛覆蓋的紡錘形葉片為其特徵，相當
受歡迎的品種。對於高溫多濕、寒冷等抗力
不佳，因過於敏感，屬於生長遲緩的品種，
所以培育上有些許難度。性群生，春天也會
開出黃色花朵。

■原產地　南非
■生長期　春・秋
■給水　夏、冬期間必須控制給水量，秋、春季
則土壤乾燥時就必須進行給水。
■栽培場所　放置於日照良好的室內，夏季若放
置於屋外時，請放置於不受雨淋、通風良好之
處。
■建議使用盆缽　因為根部會延伸生長，建議使
用具高度的盆缽。

玫葉兔耳變種 ‘牙’
[Kalanchoe beharensis ‘Fang’]

景天科　落地生根屬

單株種植於個性化盆缽裡作為主題裝飾，能
凸顯其存在感。葉片背面突起，看起來就像
牙齒一樣，所以命名為「牙」。葉片上密生
細毛為其特徵。

■原產地　馬達加斯加島
■生長期　夏
■給水　春～秋期間土壤乾燥時就必須進行給
水，冬季必須控制給水量。
■栽培場所　放置於一整年日照良好的場所。抗
寒力不佳，冬季最好放置於日照良好的室內。
■建議使用盆缽　適合個性化設計的盆缽

春鶯囀
[Gasteria batesiana]

百合科　硬葉屬

濃綠色帶著白斑的平板葉片，左右交互重疊成對地生長。像鈴蘭一樣開出連綴的粉紅色花朵也非常華麗。建議單株種植即可。

- 原產地　南非
- 生長期　春・秋
- 給水　夏、冬期間必須控制給水量，秋、春季則土壤乾燥時就必須充足給水。
- 栽培場所　盡量避免陽光直射，放置於通風良好之半日陰處。
- 建議使用盆缽　深色簡單的盆缽

太平樂
[Adromischus marianiae var. immaculatus]

景天科　天錦章屬

一顆顆圓形凸起物聚集的葉片，相當有個性。表面具光澤感的突起會由綠轉為紫紅色。生長緩慢，若不小心處理會導致葉片掉落，要特別注意。

- 原產地　南非
- 生長期　春・秋
- 給水　春～秋期間土壤乾燥時就必須進行給水，夏季和冬季則必須控制給水量。
- 栽培場所　除了寒冷時期之外，請放置於通風良好的屋外，充分受日。
- 建議使用盆缽　適合植株大小的小型盆缽

稚兒櫻
[Conophytum cv.]

番杏科　肉錐花屬

圓圓滾石狀可愛的模樣為其主要特徵。圖為秋天會開出漂亮紫色花朵的品種。春天脫皮後數量會增加。對悶熱抗力不佳，所以請費心選擇日照及通風良好的位置吧！

■原產地　南非
■生長期　冬
■給水　夏季必須控制給水量，冬～春期間只要土壤乾燥就必須進行給水。
■栽培場所　夏季請放置於通風涼爽的場所。秋～春期間則放置於日照良好的室內。
■建議使用盆缽　玻璃或鐵製等素材盆缽

虹之玉錦
[Sedum rubrotinctum cv. 'Aurora']

景天科　佛甲草屬

在諸多轉紅色的品種中，虹之玉錦的粉紅色淡且纖細，可愛度無與倫比。受日後會轉成漂亮的粉紅色，生長期的春、秋時期，顏色更深更漂亮。

■原產地　墨西哥
■生長期　春‧秋
■給水　為了能漂亮發色必須控制給水量。秋～春期間必須減少給水。
■栽培場所　夏季放置於通風良好的屋外。秋～春期間放置於日照良好的室內。
■建議使用盆缽　能映照葉色的淡色盆缽

PART: 3

綠色為主角的
時髦合植

只鍾情於一種植物雖然也很好，但若將好幾種植物進行合植，

表現的幅度可以更加寬廣。

木箱裡種滿香草和蔬菜等充滿野趣的箱子庭院、

銀葉的觀賞植物搭配法國情調的懷舊風盆缽⋯⋯。

只要放置於窗邊或水邊、陽台、玄關等處，

就能將該場所的感覺轉為時尚，在此介紹令人印象深刻的10種合植法。

酒紅色系的花朵搭配銀色葉片，凸顯時髦的吊盆合植

銀霧的銀色葉片襯托出細細往上延伸生長的深紅色花朵、珍珠菜，以及蓬鬆的銅葉茴香等波爾多系列植物。放置於以白色為基調的咖啡風餐桌邊或客廳窗邊，能發揮苦澀的香料效果。

[Plants]

蔓株萸×1
[Elaeagnus glabra Thumb.]
株萸科・胡頹子屬。自生於日本及中國山地地區的蔓性常綠樹。秋天開花，5月左右會結出黃綠色的細長果實。

銀霧×1
[Artemisia schmidtiana]
菊科・艾屬。別名朝霧草。原產於俄羅斯的常綠多年草，屬於細長銀色葉片的觀葉植物。開花後葉色不佳，可將花朵摘除。

銅葉茴香×1
[Foeniculum vulgare 'Purpurascens']
繖形科・茴香屬。原產於地中海沿岸的常綠多年草，如銅般的紅黑色葉片具光澤感，散發清香的莖葉或種籽經常用作料理。生長至2m時，從細枝分出的莖部處會發出如絲線般的葉片。

水菜×1
[Brassica rapa var. nipposinica]
十字花科・十字花屬。一年草或二年草的蔬菜，植株高度生長至20cm是最佳採收時期。

珍珠菜・博若菜×3
[Lysimachia atropurpurea]
櫻草科・珍珠菜屬。原產於北美的宿根草。銀色系葉片，植莖為紅色，如筆頭菜般的頭部會開出酒紅色的花。開花期為5月～7月。

苔類
雖然苔有各式各樣的種類，但灰苔蘚、澤苔蘚、羊苔蘚、絲柏苔蘚等葉片細長延伸的苔類，與日式和洋式風格都很搭。大都以腳踏墊的形式來販售，25cm的四方形就OK。

[Pot & Tool]

白鐵絲籃子
（Φ 35×H18cm）

~~~~~~~~~~ 鋪 放 苔 草 ~~~~~~~~~~

how to

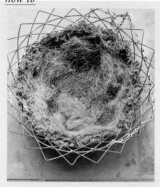 

① 籃子底部和側面（內側）鋪滿苔草。將苔草浸濕後，如黏貼般地貼附在籃子內側，完成後就很漂亮。最後再鋪放椰子纖維。

② 為了有效保水，底部墊入透明塑膠紙。將透明塑膠紙依照藍底大小剪下，鋪放在椰子纖維上方。

~~~~~~~~~~ 種 入 植 物 ~~~~~~~~~~

how to

① 面對盆缽略偏中心處的右上側先種下銀霧，營造豐富的感覺。左下方處種植蔓株萸，讓藤蔓自然垂墜於盆缽外，呈現自然感。

② 珍珠菜·博若萊種植於中心略右下方處。

③ 銅葉茴香種植於右內側，葉片會往中心方向擴展而產生茂密感。蔬菜植物種於其上方。最後山苔就像從所有植株上方覆蓋而下般地鋪實使植株安定即可。

〔種植順序〕
❶ 蔓茱萸…彷彿優雅垂下的植株般略微傾斜地種於外側。
❷ 銀霧…面向籃子種在右內側。
❸ 珍珠菜·博若萊…種植在籃子中心略微右下方處。
❹ 銅葉茴香…種植在籃子右內側，呈現苂密生長的感覺。
❺ 蔬菜植物…種植在籃子左內側，看起來一目了然。

【完成後的照顧】
吊掛於日照及通風良好的窗邊等地方，只要土壤表面乾燥就給予充足水分。蔓茱萸的藤蔓過度延伸時即進行適度修剪。銅葉茴香葉片過於濃密時也同樣進行修剪。珍珠菜花期結束後再進行修剪，可持續重複開花。

83

垂吊蔓性觀葉植物，
彷彿巴黎公寓窗邊。

蔓性觀葉植物放置於窗台或棚架等高處時，任其自然垂下的模樣，彷彿巴黎公寓窗邊的景象。使用細長的容器進行合植，不須煩惱就能順利完成，非常推薦給初學者。

[Plants]

錦葉葡萄
[Cissus discolor Blume]
葡萄科・粉藤屬。原產於爪哇島的常綠蔓性多年草，日本也稱為「青紫葛」。葉片為長長的蛋形，帶有銀白色的條紋，葉片背面為紫紅色。性喜半日陰，對寒冷抗力不佳，最好維持10℃氣溫。

斑葉海棠×2
[Begonia rex]
秋海棠科・秋海棠屬。秋海棠有許多種類，有木質類、根莖類、球根類，性質和葉形狀也很多樣。斑葉海棠屬於根莖類，莖部會蔓延生長。在此最好選用銀色系葉片（Sinilarto Adorien）和紅色或紫色系葉片（Utakata）。

紫絨藤×3
[Gynura aurantiaca]
菊科・三七草屬。原產於熱帶非洲～馬來半島的常綠蔓性多年草。紫絨藤是三七草屬中，葉片帶有紫色天鵝絨般軟毛的品種。

薇甘菊×3
[Mikania dentata]
菊科・蔓澤蘭屬。原產於巴西中部～南部地區的常綠多年草。日陰性強，藤蔓垂下生長，夏天開出的白色小花並不顯眼，主要屬於觀葉植物。

冷水麻
[Pilea Ellen]
蕁麻科冷水麻屬。原產於熱帶、亞熱帶地區的常綠多年草。金屬感的銀葉為其特徵。性喜通風良好的半日陰。因抗寒力弱，請維持10℃以上的氣溫。

[Pot & Tool]

白鐵鳥餌盒
（W90×D15×H15cm）

① 缽底穴上鋪放缽底網，底部沒有排水孔的情況下，請以鑽子等器具開出排水孔。

② 為了讓排水良好，缽底請鋪放一層缽底石。

③ 將植株自培育盆中取出，避免根缽土崩壞，請將根部往外側扭轉後依序植入。

④ 將紫絨藤配置於3處，讓藤蔓均衡地自然垂下。不要配置於正中央或兩端，不對稱配置較為美觀。

⑤ 斑葉海棠配置於焦點位置。

⑥ 將錦葉葡萄、冷水麻、薇甘菊植入縫隙間。最後補充土壤，調整植株，使其穩固即可。

〔種植順序〕
❶ 紫絨藤…不對稱配置較為美觀。
❷ 斑葉海棠…使用銀色葉片或紫色葉片作為視覺焦點。
❸ 錦葉葡萄、冷水麻、薇甘菊…植入縫隙間。

【完成後的照顧】
因為都是多年草，能長期欣賞。春～秋期間只要土壤乾燥就進行給水，2～3個月進行一次液態肥料的追肥。冬天保持土壤些微乾燥即可。雖然春～秋期間也可以放置於戶外，但寒冷時期就必須放在室內並維持10℃以上的室溫。

適合水邊生長的植物，
打造別緻的衛浴空間

喜好潮濕環境的卷柏蕨，種在簡單的玻璃容器內。玻璃容器
底層鋪放苔草也很漂亮。看起來很清爽，適合放置於淋浴間
或衛生間。不管是亞洲風格或日本風格的房間都很適合。

[Plants]

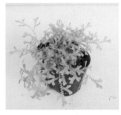 

卷柏蕨×3～4
[Selaginella]
卷柏科・卷柏屬。原產於東南亞的常綠多年
草，有圓葉遍地金、彩虹風扇等品種。葉片隨
著品種也分為濃綠或黃綠色，甚至受光狀況不
同也會改變葉片顏色。濕氣高的地方容易栽
種。為了欣賞綠色的漸層感，此合植中使用了
葉色不同的2、3種類。

苔類
雖然苔有各式各樣的種類，
但灰苔蘚、澤苔蘚、羊苔
蘚、絲柏苔蘚等葉片細長延
伸的苔類，與日式和洋式風
格都很搭。大都以腳踏墊的
形式來販售，25cm的四方
形就OK。

[Pot & Tool]

玻璃容器（W40×D15×H15cm）

how to

① 玻璃容器中撒下防止根部腐爛的防腐劑。※缽底已有開孔則不需要。

② 山苔泡過水後輕輕擰乾，貼在容器的側面、底面。山苔綠色好看的一面朝外是訣竅。

③ 先取出一株卷柏蕨（大型者為佳）種植。考量整體的平衡，不要種在正中間或兩端的位置。然後再往兩端一一種下顏色不同的卷柏蕨。

④ 容器大致種滿後，最後的卷柏蕨先行分株、控制份量後種植。分株時自培育盆中取出，連土進行分株也可以。

⑤ 土壤曝露於外的地方，使用鑷子覆蓋山苔，使植株穩定即可完成。

〔 種植順序 〕
❶ 卷柏蕨（綠色）…因為使用長條形容器，種下後使其呈現垂墜。
❷ 卷柏蕨（濃綠）…種植於右端處。
❸ 卷柏蕨（濃綠）…種植於靠近①處。
❹ 卷柏蕨（黃綠）…分株後種植於縫隙之間。

【 完成後的照顧 】
因為是多年草，可長期觀賞其葉色之美。性喜多濕的環境，所以必須保持土壤的溼度。因為仍需要日光，若放置在陽光無法照射的地方，請務必適時地接受陽光照射，若無法接受陽光照射，葉片顏色會逐漸變差。

香草及野菜組合而成的
天然風療癒系盆栽

將芹菜及菠菜、薄荷及薰衣草等十種以上的蔬菜及香草植物，種植在木製容器裡，就能輕易地在庭院或陽台打造出田園菜圃。嚮往打造香草花園或在庭院種植蔬菜的人不妨嘗試看看。

[Plants]

芹菜×1
[Mitsuba]
繖形科・鴨兒芹屬。原產於地中海沿岸～亞洲西部地區。葉片形狀類似義大利芹菜，性喜日照充足、溼氣高的場所。性屬敏感，種植時必須避免破壞根部土壤。

菠菜×1
[Spinacia oleracea]
莧科・菠菜屬。植株高度約25cm就可以採收。在此使用莖部為紅色、延伸生長的「紅莖菠菜」。

甜菜×1
[Swiss chard]
莧科・藜屬。原產於地中海沿岸的野菜。隨著植株生長，葉片及莖部顏色會呈現紅、白、黃、紫等鮮艷的顏色，所以經常用作於觀葉植物欣賞。除了隆冬的1、2月之外，其他時候都可以栽種・採收。葉片長度約15cm時即可採收。

錦葵×1
[Malva sylvestris]
錦葵科・錦葵屬。原產於南歐地區。嫩葉及花朵常用作於花草茶，綠色的茶湯加入檸檬就會成為粉紅色。開花期為5月～8月。

薰衣草×1
[Lavendula]
唇形花科・薰衣草屬。原產於地中海沿岸的多年草。獨特的香氣具有鎮靜神經及防蟲、殺菌的效果。開花期為5月～7月。花朵開滿之前採收花穗。

天竺葵 `檸檬玫瑰`×1
[Pelargonium graveolens 'Rober's Lemon Rose']
牻牛兒苗科・天竺葵屬。原產於非洲南部的多年草。屬於香氣強烈的天竺葵，具有檸檬般的香氣和淡粉紅色的花朵。花朵經常用作於甜點裝飾等用途，也具有除蚊的效果，開花期為5月～初夏。

茴香×1
[Foeniculum vulgare]
繖形花科・茴香屬。原產於地中海沿岸的多年草。雖然葉片也能使用於料理菜餚，但長度7～1cm的果實（茴香子）乾燥後用作於料理，風味相當爽口。

水菜×1
[Brassica rapa var. nipposinica]
十字花科・十字花屬。原產於日本，口感清脆的蔬菜。種植時期為春或秋季，高度約20cm時即可採收。

細香蔥×1
[Allium schoenoprasum]
蔥科・蔥屬。原產於北半球溫帶～寒帶地區。別名西洋淺蔥，就像日本的淺蔥一樣，經常當作佐料使用。雖然紫色的花朵很漂亮，但若要食用葉片則必須趁花苞狀態時摘下，高度約20cm時即可採收。

[Pot & Tool]

木箱容器（W60×D42×H10cm）

~~~~~~~~~~~~~~~~~~~~~~~~ 放入鉢底石 ~~~~~~~~~~~~~~~~~~~~~~~~

how to

① 縫隙很多的木箱，必須鋪入不織布，避免土壤流失。剪下需要的尺寸後，以釘槍固定。

② 固定不織布。以畫框方式固定也OK。

③ 鉢底石約放入木箱3/4的深度。

~~~~~~~~~~~~~~~~~~~~~~~~ 種植植物 ~~~~~~~~~~~~~~~~~~~~~~~~

how to

① 讓具高度的茴香突出於木箱中，種植於距箱子裡略偏中心之處。

② 菠菜種植於茴香前方的左側處，沿著木箱的前緣，葉片朝向前方垂下。

③ 甜菜種植於菠菜的右側，薰衣草則種植於茴香的旁邊，右側角落則種植天竺葵`檸檬玫瑰´。

④ 面向體積豐盈的水菜左前側，將芹菜種植於右手前側，能感受充滿元氣的感覺。將錦葵、細香蔥種入縫隙之間。視整體均衡感而呈現隨意的感覺是美觀的訣竅，避免僵化的直線感。

how to

① 將土壤填入縫隙之間，使株苗固定。

② 再以椰子纖維覆蓋住土壤表面即告完成。

〔 種植順序 〕

❶ 茴香…最初先種下高度最高的植物。
❷ 菠菜…做出莖蔓下垂的感覺。
❸ 甜菜…紅色葉片放置於醒目的位置。
❹ 薰衣草…前後略微調整，讓花朵能充分被欣賞。
❺ 天竺葵 '檸檬玫瑰'…面對正面的右方處聚集香草植物，高度較高者在後方。
❻ 水菜…種植於左手前方側。
❼ 芹菜…種植於右手前側，呈現活潑生動的感覺。
❽ 錦葵…種植於水菜後方處。
❾ 細香蔥…種於①左鄰處。

【 完成後的照顧 】
香草和蔬菜也喜歡日照及通風狀況良好之處。因為過度給水會導致根部腐爛，所以當土壤表面乾燥時再進行給水。蔬菜採收期時即可採收，香草類葉片則需要時再進行採摘即可。食花的香草植物必須在開花前將花穗摘下。

紫色的花朵和葉片，
呈現法國情調的懷舊氛圍

藝術風格的白鐵皮鐵桶裡，紫色和銀色系的觀葉植物搭配淡
淡的紫色花朵。草花的高度錯落不一，就像天然野花般不造
作的配置方式。大小也剛好，不需刻意選擇場所也能放置。

[Plants]

花蔥×1
[Polemonium spp.]
花蔥科·花蔥屬。原產於北美
的多年草，會開出紫色或粉紅
色的花朵，羽狀葉片為其特
徵。開花期為4月～6月。不
過濕且涼爽的情況下，可以度
過夏季。

藍蠟花×1
[Cerinthe major]
紫草科·蠟花屬。原產於南歐
的一年草，朝下結出筒狀花
朵。花色有紫色和黃色雙色
調，也有暗紫單色。開花期為
4月～5月。

小二仙草×1
[Haloragis]
小二仙草科。原產於澳大利亞
的常綠低木，擁有鋸齒狀葉片
和極具特徵的銅色觀葉植物。
喜好日照良好的場所。

須苞石竹×1
[Dianthus barbatus]
石竹科·石竹屬。原產於東
亞·歐洲的常綠多年草。雖然
有許多品種，花瓣邊緣呈滾邊
狀為其特徵。葉片大多為細長
形狀。

紫葉鼠尾草×1
[Salvia
officinalis 'Purpurascens']
唇形花科·鼠尾草屬。原產於
地中海沿岸的常綠多年草。黑
紫色的葉片是相當受歡迎的觀
葉植物。5月～6月為開花
期。

茜草×1
[Tiarella]
虎耳草科·茜草屬。原產於美
國東部的常綠多年草。會開出
略帶粉紅的白色穗狀小花。耐
寒、耐陰性強，性質強健，容
易栽種。從初夏到秋天能不斷
重複開花。

[Pot & Tool]

白鐵桶（Φ29×H30cm）

放入鉢底石

how to

① 利用鑽子等工具在白鐵皮桶底開孔，做出排水孔，再鋪上鉢底網。

② 鉢底石約放入白鐵桶1/5的深度。

種植植物

how to

① 土壤約放入白鐵桶2/3的深度，將較高的須苞石竹自育苗鉢取出後，種植於面向盆鉢右邊的內側處。其前方種植花蔥，更前方種植小二仙草，做出右半邊。

② 左內側種植藍蠟花。花蔥不要緊鄰對角線，以呈現錯落不規則感。其斜前方周圍種植茜草，最後在前方空隙處低矮地種植茜草。

③ 空隙處填入土壤，使植株安定後即告完成。

●不造作的均衡感為關鍵
若想營造懷舊的氛圍，不著痕跡自然地呈現均衡感是訣竅。讓植物的高度看起來錯落不一，選擇花苗時，建議大膽選用能延伸生長的品種。

〔種植順序〕
① 須苞石竹…先種下高度最高的植物。
② 花蔥…種在①的旁邊，做出錯落不一的感覺。
③ 小二仙草…同樣地種在①②的旁邊。
④ 藍蠟花　種植於左方內側處。
⑤ 茜草…種在④的前方，前後稍微調整使其看起來豐盈。
⑥ 水菜…低矮地種植於正前方位置。

【完成後的照顧】
上述不管何者都喜歡乾燥的土壤，當土壤顏色乾燥變白時才進行給水。須苞石竹花期結束之後將莖部剪短，花蔥則摘除花萼即可長期享受賞花之樂。

清涼感的植物
在野外的風中搖曳著

較高的白鐵筒狀容器裡，種植向上延伸生長的植物，彷彿樹木般陳列擺放。在這裡，白鐵罐裡不放入土壤，改用保麗龍墊高底部後，再將各種植物連同塑膠盆一起放入。「合植缽」這種方式不需放入土壤，所以不會產生重量，很容易處理，之後要替換其他植物時也很簡單。

[Plants]

紅雀珊瑚×1
[Pedilanthus] [Euphorbia]
大戟科・紅雀珊瑚屬。分布於熱帶美洲的灌木。莖部為多肉質，每一節曲折延伸生長的模樣很特別。喜歡日照良好之處，對寒冷抵抗力不佳，所以室內溫度必須維持5℃以上。在日本秋天會轉為紅色，冬天會落葉。

千年蕉×1
[Dracaena]
龍舌蘭科・龍血樹屬。原產於熱帶亞洲、熱帶非洲的觀葉植物。名為「花葉龍血樹」的品種被稱為「幸福之木」。性喜日照、通風良好的場所。不管什麼品種都很強健，生長快速，能順利向上延伸生長。生長過度時必須進行修剪。

文竹×1
[Asparagus setaceus 'Nanus']
百合科・蘆筍屬。原產於南非的常綠蔓性多年草。非常纖細的葉片看起來如霧靄般柔軟清涼，也非常適合搭配花朵進行裝飾。纖細的植莖上有刺，要小心。避開陽光直射，冬天請放置於室內溫暖的地方。

[Pot & Tool]

白鐵製大缽
（Φ21×H90cm）

〔種植順序〕
❶ 紅雀珊瑚…左邊先做出豐富感。
❷ 文竹…莖葉垂墜於正前方，呈現茂密感。
❸ 千年蕉…面對盆缽填入右方，讓右邊也呈現豐富感。

放入保麗龍

how to

① 盆缽裡放入保麗龍墊高底部。

② 調整成適合種植的盆缽高度。

●活用塑膠育苗盆

利用購買幼苗時所附的塑膠育苗盆做成合植風。因為塑膠苗缽較為柔軟，放入白鐵皮製容器後會自由改變形狀。若購買時所附的是較硬的塑膠盆，硬度會造成阻礙，無法放置於理想的位置。所以，如果塑膠盆缽露出於外時，建議將根缽土壤以塑膠袋包覆後再放入較佳。

種植植物

how to

① 首先將較高的紅雀珊瑚連同育苗缽一起放入容器內側。至於要放在哪個位置，面對盆缽時，前端朝向右側，彷彿在野外延伸生長的感覺。

② 正前方將文竹連同育苗盆缽一起放入，將莖葉調整至正前方。

③ 將千年蕉連同育苗缽一起放入面對盆缽的右側處。稍微倒向右側，呈現植株往右側延伸生長的感覺。

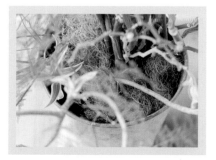

④ 整體覆蓋椰子纖維後即告完成。

【 完成後的照顧 】
請放置於日照及通風良好之處，土壤乾燥時再進行給水。因為不是定植，而是連同育苗缽一起放入，所以也可以先從盆缽中取出後再進行給水。莖葉過度延伸時，請進行適度的修剪。

以白色和銀色葉片來中和甜膩感，
呈現屬於大人味的可愛感

可愛的白色小花搭配銀色葉片，打造沉色系的藝術風盆栽，
很適合不淪於甜膩的女性化合植。

[Plants]

維羅尼卡×1
[Veronica gentianoides]
玄參科·婆婆納屬。原產於東歐的宿根草（耐寒性多年草）。近白色的藍色花朵，能呈現充滿天然味的自然感覺。開花期為5月～7月。

屈曲花×1
[iberis]
十字花科·屈曲花屬。原產於地中海沿岸，依照品種不同分為多年草和一年草。英國名為「糖果紗」是「糖果花」之意。主要來自植株全面展開的開花形狀所致。開花期為4月～6月。

金魚草（伯爵）×1
[Antirrhinum majus]
玄參科·金魚草屬。原產於地中海沿岸。雖然原來為多年草，但園藝用途則大多以一年草處理。花色有白、黃、粉紅、紅等。植株高度有時高達1m以上。

白色鼠尾草×1
[Salvia apiana]
唇形花科·鼠尾草屬。原產於北美加利福尼亞的常綠灌木，屬於具有清爽香氣的香草類植物。灰色的葉片很時尚，適合用作於合植。

野生迷迭香（小煙燻）×1
[Olearia axillaris]
菊科·樹紫菀屬。原產於澳大利亞的常綠灌木。植株高度可從25cm延伸至60cm。小小的銀色葉片非常美，到秋天會開出黃色小花。

香蒿×1
[Parfum d Ethioia]
菊科·蒿屬。常綠多年草。類似艾草的銀色葉片為其特徵，擁有蘋果薄荷般的濃郁香氣。

苔類
雖然苔有各式各樣的種類，但灰苔蘚、澤苔蘚、羊苔蘚、絲柏苔蘚等葉片細長延伸的苔類，與日式和洋式風格都很搭。大都以腳踏墊的形式來販售，25cm的四方形就OK。

[Pot & Tool]

陶製盆缽（Φ 30×H18cm）

───────〜〜〜〜〜───── 放入土壤 ─────〜〜〜〜〜───────

how to

① 缽底孔上鋪放缽底網。缽底石約放入盆缽1/5的深度。

② 土壤約放入盆缽2/3的高度。

───────〜〜〜〜〜───── 種植植物 ─────〜〜〜〜〜───────

how to

① 首先將較高的維羅尼自育苗盆內取出。面對盆缽左側攏起處種下。

② 白色鼠尾草則種植於面對盆缽右側攏起的位置。不要和維羅尼並排,稍微錯開才能呈現自然感。

③ 正前方種植金魚草,屈曲花則種植於維羅尼和白色鼠尾草之間的位置。

④ 將兩種銀葉植物種植於縫隙之間。香蒿種植於右下側空間,野生迷迭香則種植於9點鐘方向附近。

how to

① 將土壤填入縫隙之間，使株苗固定。

② 土壤露出來的部份以青苔覆蓋後即告完成。

〔 種植順序 〕
❶ 維羅尼⋯距中心點偏左上方處種下。
❷ 白色鼠尾草⋯種植於右上方的位置並呈現高度。
❸ 金魚草⋯正前方略偏左邊的位置。
❹ 屈曲花⋯種植於❶和❷之間。
❺ 香蒿⋯種植於面對盆缽的右側，做出溢於盆缽之外的感覺。
❻ 野生迷迭香⋯種植於9點鐘方向。

【 完成後的照顧 】
上述不管何者都不喜歡潮濕之處，請放置於乾燥的場所。土壤表面乾燥後再進行給水。花朵枯萎後隨即摘除可長期享受觀賞之樂。所有花期都結束後，則可改種其他香草類植物。

沉穩簡約的長方形容器 凸顯日本花朵的藝術感

將原產於日本山林隨處可見且形狀獨具個性的花朵和觀葉植物，種植在漆黑容器中呈現出藝術的氛圍。單調的色調相當符合時尚感的室內設計。可說是改變日本花朵感覺的合植作品。

[Plants]

雪糕草×2
[Arisaema sikokianum]
天南星科・天南星屬。原生於日本山林中的多年草。白色花朵中間有圓鼓鼓的附屬體，像麻糬一樣柔軟，所以也稱之為「雪餅草」。開花期為4月～5月。

黑百合×2
[Fritillaria camtschatcensis]
百合科・貝母屬。原產於日本、阿拉斯加、西伯利亞、庫頁島、千島的高山植物。

白頭翁×2
[Pulsatilla cernua]
毛茛科・白頭翁屬。分布於日本及中國的多年草。略帶紅色的巧克力色花朵開於4月～5月。即使只有羽狀葉片也能充分呈現氣氛。

唐絹草×2
[Sanguisorba hakusanensis]
薔薇科・地榆屬。分布於日本本州中部的山野草花。橢圓形葉片前端呈波浪狀。開花期的7月～10月會開出往下垂的穗狀花朵。雄蕊如流蘇般從花穗中垂下，看起來彷彿如唐絹般，因而命名。

苔類
雖然苔有各式各樣的種類，但灰苔蘚、澤苔蘚、羊苔蘚、絲柏苔蘚等葉片細長延伸的苔類，與日式和洋式風格都很搭。大都以腳踏墊的形式來販售，25cm的四方形就OK。

[Pot & Tool]

黑色樹脂盆缽
（W62×D16×H17cm）

〜〜〜〜〜〜〜〜〜〜 鋪放青苔 〜〜〜〜〜〜〜〜〜〜

how to

① 缽底石鋪放至大約能將缽底蓋住的程度，缽底有孔時必須先以缽底網塞住。

② 然後鋪上作為植株底座的山苔。山苔的份量可先放進盆缽測試，育苗缽低於容器邊緣3～4cm的位置即可。

③ 放入根部防腐劑。※有缽底孔的容器則不需要。

how to

① 首先將高度較高的雪餅草種在面對盆缽的右側,距中心點略偏左的位置再種下另1株雪餅草。黑百合則種在高度較高的雪餅草旁邊,較低的黑百合則種在離左邊的雪餅草略遠處。

② 2株白頭翁種在盆缽兩端,略為朝向外側。2株唐絹草各種在白頭翁的內側。

③ 山苔緊密地覆蓋在所有的植株根部,使植株安定後即告完成。

〔種植順序〕

❶ 雪糕草…主要花朵。視均衡狀況先從高植株開始種植。

❷ 黑白合…視均衡狀況種植於❶的間隔之間。

❸ 白頭翁…種植於兩端、葉片鬆垮地往外垂下。

❹ 唐絹草…種植於白頭翁內側。

●微妙錯位的平行線

選購植株時,高植株大約3株,其餘則選擇低植株。為了避免過於整齊,特別利用微妙的錯位,看起來更有質感。

【完成後的照顧】

所有的山野花草都適合種植於地表上,所以種植於盆缽內並無法持久,約可觀賞2～3週。放置於通風良好的窗邊,一週給水一次。不使用山野草專用土壤或腐葉土,改用山苔,處理上較為輕鬆。

時間彷彿靜止般的
綠蔭花園

日陰處也能栽種的觀葉植物合植盆栽。充滿藝術情調的
盆鉢中，大膽種滿細長延伸的莖葉，醞釀出彷彿從遠古
以來就存在的氛圍。非常適合用在陽光無法照射的地
方。

[Plants]

珊瑚鐘×1
[Heuchera]
虎耳草科·攀根草屬。原產於北美的常綠多年草，是
很受歡迎的彩色觀葉植物。有許多不同的品種，葉色
也有紅色系、紫色系、銀色系、黑色系、綠色系及萊
姆色，每一種都非常優美。在此準備了紫色及深紅色
品種。夏天只要半日照，春、秋、冬則向陽也OK。會
開出小巧可愛的花朵。

銀矛×2
[Astelia]
龍舌蘭科·銀矛屬。紐西蘭產
的多年草。有數十種類，葉片
顏色大多帶有銀色，柔韌的葉
片可生長至40cm左右。

虎耳草×1
[Saxifraga stolonifera]
虎耳草科·虎耳草屬。原產於
東南亞的常綠多年草。性喜半
日陰、潮濕的土地，因為不耐
乾燥，盆鉢土壤乾燥後必須立
刻給水。5月～7月會開出白
色小花。

蔓踊子草×1
[Lamium]
唇形花科·蓴麻屬。原產於歐
洲、非洲北部、亞洲溫暖地區
的半常綠多年草。莖部沿著地
面攀爬延伸，具匍匐性。雖然
因品種不同，葉片形狀和花色
也會不同，在此準備銀色斑葉
品種，長長延伸的走莖最為理
想。

蔓胡頹子×1
[Elaeagnus glabra
Thumb.]
薔薇科·胡頹子屬。原產於北
美北部的落葉灌木，耐寒性
佳。會開出如麻葉繡線菊般的
球狀花朵，開花期為6月～7
月。

荷包牡丹（瓔珞牡丹）×1
[Dicentra spectabilis]
荷包牡丹科·荷包牡丹屬。原
產於中國東北部～朝鮮半島的
多年草。長長的花莖上會開出
倒心形的獨特花朵，顏色為粉
紅或白色，開花期為4月～5
月。葉片擁有如牡丹葉的形狀
特徵，就算只有葉片也能呈現
山野花草的趣味及優美。

[Pot & Tool]

苔類
雖然苔有各式各樣的種類，但
灰苔蘚、澤苔蘚、羊苔蘚、絲
柏苔蘚等葉片細長延伸的苔
類，與日式和洋式風格都很
搭。大都以腳踏墊的形式來販
售，25cm的四方形就OK。

石製容器（W80×D24×H22cm）

~~~~~~~~~~~~~~~~~~~~~~ 放入土壤 ~~~~~~~~~~~~~~~~~~~~~~

how to

① 鉢底孔上方鋪放鉢底網。

② 薄薄一層鉢底石鋪滿底部。

③ 土壤約放入容器1/3的高度。

~~~~~~~~~~~~~~~~~~~~~~ 種植植物 ~~~~~~~~~~~~~~~~~~~~~~

how to

① 首先將蔓胡頹子自育苗盆內取出，連同根鉢土一起種在距中心處略偏右之處。

② 荷包牡丹種植於面對盆鉢距中心處偏左的位置。傾斜於容器內側，讓枝條斜斜地往左方延伸。

③ 蔓踊子草面對容器種在左內側。長長延伸的走莖自然地垂墜於前後。其右邊種植阿斯特里亞，然後視均衡狀況在右側的間際處種植珊瑚鐘、虎耳草。

●自遠處眺望平衡感

先從具高度的蔓胡頹子、枝條前後延伸生長的荷包牡丹、以走莖呈現氣氛的蔓踊子草等作為重點的植物開始種植。不時地從遠處眺望，確認立體的均衡感。

how to

① 填入土壤至看不見根缽土的
程度，使植株穩固。最後再
覆蓋青苔即告完成。

〔種植順序〕
❶ 蔓胡頹子…種植在略微偏左處，避免位於正中間。
❷ 荷包牡丹…使其往前傾斜，讓枝條斜斜地突出。
❸ 蔓踊子草…種植於左內側處，讓走莖前後擴展。
❹ 銀矛…種植於❶和❸之間，避免位於中央處。
❺ 珊瑚鐘（紅）…種植於右端呈現略高的高度。
❻ 珊瑚鐘（紫）…種植於前方，中央偏右的位置。
❼ 虎耳草…種植於❺和❻之間，走莖垂墜於前面。

【 完成後的照顧 】
因為全部都是多年草，可以長期享受
觀賞之樂。開花植物在開花之後，自
花柄處剪除。要注意夏季的暑氣、悶
熱及乾燥，放置於半日陰處，土壤乾
燥後再進行給水。春、秋、冬放置於
向陽處也OK。因為耐寒性高，冬天可
放置於戶外。

赤陶容器裡的酒紅色花朵，
妝點出優雅的玄關

存在感十足的大型赤陶盆缽，種植色調沉穩的酒紅色花朵作為重點，讓四周瀰漫著優雅的氣氛。澳大利亞系的灌木呈現高質感。裝飾於玄關門邊，成為自家的象徵物。

[Plants]

海芋（熱巧克力）
[Zantedeschia]
天南星科・馬蹄蓮屬。原產於南非，分為喜好溼氣土壤的溼地性和喜歡乾燥土壤的旱地性品種。酒紅色的熱巧克力或尊貴紅等旱地性，要越冬較為困難。土壤表面乾燥後再進行給水。開花期為5月～7月。

白絲樹（托比貝爾）
[Eremophila]
玄參科・愛沙木屬。原產於澳大利亞的常綠灌木或多年草。花色有白、紅、黃、淡藍等，開花期為1月～6月。

帝王花
[Serruria glomerata]
山龍眼科・帝王花屬。原產於南非，經過澳大利亞品種改良的常綠灌木。羽狀的細長葉片為特徵，會開出接近黃綠色的萊姆色房狀花朵。避免高溫多濕，以排水性佳的專用土壤種植較佳。

阿德納斯×1
[Adenanthos]
山龍眼科・棒柯屬。原產於澳大利亞的常綠灌木。莖部攀爬延伸，結出筒狀花朵，花色有紅、橙、粉紅、黃色等。因品種不同葉片分為細長針葉狀和平葉狀。

銀樺×1
[Grevillea]
山龍眼科・銀樺屬。原產於澳大利亞的常綠灌木，會開出如刷子般的花朵。花色有紅、黃色，羽狀葉片為特徵，開花期為春、秋季。

醉魚草・銀葉
[Buddleja]
醉魚草科・醉魚草屬。原產於東亞的半常綠灌木。會開出穗狀的小花，花色有白、紫、粉紅、黃色等。因為芬芳的香氣和豐富的花蜜常吸引蝴蝶靠近，英語稱為「蝴蝶灌木」。花朵枯萎後隨即摘除，枝條過度延伸時必須適度修剪。

[Pot & Tool]

赤陶大缽
（Φ 38×H53cm）

放入缽底石

how to

① 缽底孔上方鋪放缽底網。

② 缽底石約放入容器1/5的深度。

種植植物

how to

① 土壤放進約盆缽一半高的深度。將海芋自育苗缽中取出,種植於盆缽中心略偏右後方的位置。

② 因為是大型盆缽,最好在遠處檢視平衡狀況。葉片呈現自然擴展的狀態。

③ 面對盆缽正前方種植銀樺,讓植莖往前垂下。

④ 面對盆缽將帝王花種在海芋右側。

⑤ 面對盆缽的左前方種植醉魚草,呈現出高度。

⑥ 視整體均衡狀況,面對盆缽左側,醉魚草的前方種植白絲樹,後方種植白絲樹。所有植株栽種完成後,再進行補土的動作使植株穩固即可。

〔 種植順序 〕
❶ 海芋…注意不要種植於正中間。
❷ 銀樺…讓莖蔓從右側邊緣垂向前方。
❸ 帝王花…種植於海芋右側。
❹ 醉魚草・銀葉…朝向盆缽種植於左側。
❺ 阿德納斯…種植於醉魚草前方。
❻ 白絲樹…種植於海芋左方。

【 完成後的照顧 】
除了海芋和醉魚草之外,其他植物都是澳大利亞系植物。夏天要避免高溫多濕,請放置於半日陰處,春、秋則放置於日照良好之處,冬天放置於通風良好之處較為理想。定植後約兩週內必須給較多水分,之後等土壤乾燥後再進行給水即可。除了海芋之外,皆可長期享受觀賞的樂趣。

PART: 4

綠 意 盎 然 必 備 的
Basic Lesson

心靈豐富的綠意生活。

為了愛護能療癒人心的植物，一定要理解最基本的照顧方法。

如果能更了解所需要的方便工具或購買植物時的選擇方法等，

就能過著更愜意的綠意生活，

而人與自然之間，即能構築出更良好的關係。

必備的道具 & 材料

為了長期享受觀賞植物的樂趣，每日的照顧步驟不可少。
修剪枝葉的剪刀、花灑及鏟子等，
都是為了讓作業更有效率所必備的工具。
同時，進一步了解植物適合的土壤種類、
肥料的性質及特徵是非常重要的。

■ 基本工具

小鑷子

種植多肉植物的幼苗或摘除盆缽中多餘無用的葉、芽時，方便於進行細微的動作。除去附著於枝葉上的害蟲時，也是相當好用的寶物。鑷子就算買廉價品也沒關係。

剪定鋏、園藝剪

剪定鋏有半月型的切刃和新月形的受刃，使用於修剪粗枝時。修剪殘花或草花時，使用剪刀較為尖細的園藝用剪較為方便。

噴霧灑水器

使用於給予葉片水分時，空氣容易乾燥的室內若栽種觀葉植物或空氣鳳梨時，噴霧器可說是必備用品。為了噴灑藥劑，最好選擇可更換細長噴嘴的款式。

鏟子／土壤鏟

處理土壤時不可欠缺的工具。定植或換盆等要補充盆缽土壤時，除了鏟子之外，還可以使用「土壤鏟」，補足少量土壤時相當方便。

園藝用手套

若徒手接觸土壤可能會導致皮膚粗糙，使用手套則相當方便。一般在手掌和指尖處都有經過乳膠處理，但處理有尖刺的植物時，還是必須使用皮革製手套較為安全。

花灑

使用於給水時的工具。為了避免水花四濺，建議使用前端纖細且可視情況需要更換噴嘴的款式。選擇質地較輕、較容易使用的款式吧！

■ 土壤及肥料

土壤量

園藝用土壤是以公升來計算。若以盆缽大小來換算，3號缽（直徑9cm）約0.3公升、5號缽（直徑15cm）約1公升、7號缽（直徑21cm）約3公升。

園藝用培養土

培育植物所需使用的土壤。以排水性及通氣性良好的赤玉土或鹿沼土為基礎，配合植物特性混合腐葉土或蛭石、肥料等使用。

缽底石

為了讓排水狀況良好，缽底必須鋪放大粒石塊或輕石。重量各有不同，輕者在作業或移動盆缽時較為輕鬆，可說是其優點。黑曜石經過高溫烘烤，質地特別輕，也可以敲碎後混合用土一起使用。

固態肥料

成份緩慢地溶解於土壤中，屬於長效性（緩效性）肥料。混合在種植用土中或放置於土壤表面使用。

缽底網

為避免土壤流失以及蛞蝓等害蟲自缽底侵入，缽底孔穴必須藉由剪成比孔穴大的缽底網塞住。也可使用排水口專用的網子替代。

液態肥料

分為稀釋於水及直接使用兩種，屬於植物能立即吸收的速效型肥料。因為有效期間較短，必須1～2週定期施放一次。

■ 盆缽的特性及選擇方法

盆缽決定了綠色植物陳列時所呈現的主要感覺，可說是非常重要。不只是使用植物專用的盆缽，還可活用各種不同的雜貨，擴展其樂趣。同時也要考慮素材的特性，溫柔地擺放盆栽。

一般盆缽

在園藝店或量販中心都能買到的一般盆缽。尺寸及設計款式相當豐富，底部也都有開孔，各種款式一應俱全。使用素燒或塑膠等，掌握素材的特性來選擇會較有幫助。

> **盆缽大小**
> 盆缽通常以「號」來標示，1號直徑3cm，號數乘以3cm則為其直徑。

素燒盆缽
不使用釉料，以低溫燒製而成的陶器。通氣性、透水性俱佳，相當適合不耐悶熱的植物。重量沉、容易破裂為其缺點。

木製盆缽
從素色到塗抹各種顏色的都有。也可利用廢棄木材或舊木桶的藝術風盆缽。雖然通氣性、透水性高，但若未經防腐處理則容易腐爛。

塑膠盆缽
重量輕且不易損壞，各種形狀、顏色都有。因為透氣、透水性不佳，容易導致土壤潮濕。也有缽底開了許多孔，排水性高的塑膠盆缽。

陶燒盆缽
雖然類似素燒盆缽，但經過更高溫燒製而成，原是專指歐洲製的盆缽。大多是帶粉紅的茶色，天然的感覺很受歡迎。雖然透氣・透水性佳，但比起素燒缽和駄缽則品質不佳。

駄溫缽
雖然類似素燒缽，但是以更高溫燒製而的盆缽，僅有邊緣上釉藥。透氣・透水性俱佳，比素燒缽強度更強。

其他素材缽
最近像回收紙、不織布、生分解性（玉米等穀物為主要原料）等對環境無害的盆缽逐漸增加。此外，纖維樹酯製（玻璃纖維和樹酯混合）盆缽，外觀看起來像陶器或陶燒風格，重量更輕為其特徵。

以 雜 貨 取 代 盆 缽

為了讓綠色植物的佈置能給人時尚的感覺，在
此介紹各種不同的雜貨。要掌握每種素材的感
覺以及使用時必須注意的重點，就讓我們將具
有室內風的雜貨當作盆缽使用吧！

白鐵製雜貨

白鐵製的雜貨用品非常適合法國懷舊的風格。放在風吹
雨淋的地方，使其因為生鏽或髒污而產生陳舊感，看起
來也非常有感覺。若缽底無孔時，請在底部開孔後再行
使用。也要記得放入根部防腐劑喔！

鐵絲製雜貨

天然且極適合男性風格的鐵絲製雜貨。鋪放椰子纖維
後，再放入青苔草。透氣、透水性超佳，透過網目很
容易做成吊盆是其優點之一。

玻璃製雜貨

水耕栽培用的瓶子、具藝術感的葡萄酒瓶或盤子等透光
的玻璃容器，能給人清涼的感覺。因為可以直視其間的
內容，建議可以種植球根或看得見根部的植物，享受玻
璃瓶剔透的樂趣。放入根部防腐劑後再行使用。

陶製雜貨

花色圖案、形狀各有不同的陶製容器。不僅是由花
座、盆缽做成，也考慮使用陶器食器擺放植物吧！沒
有缽底孔時，請記得放入根部防腐劑吧！

琺瑯製雜貨

不管是天然或懷舊的感覺都和琺瑯製雜
貨相當搭配。不但顏色豐富，水壺、咖
啡杯、鍋子等種類也很豐富。直接種植
時，使用工具開出底孔或放入根部防腐
劑。

木製雜貨

如照片所示的蠟燭台和不需土壤及水分
的空氣鳳梨或乾燥植物搭配相當可愛。
木製盤子等需要放入土壤種植時，只要
先鋪放塑膠紙等進行防水加工即可。

能做成吊盆的雜貨

如照片般附有把手的燭台容器或桶子等
帶有提手的雜貨，非常適合作為吊掛用
的盆缽。因為站立時的視線高度也能享
受綠意之樂，懸掛在室內也能產生變
化。

植物的選擇方法

為了避免苦心種下的綠色植物隨即枯萎或生病，
請考量擺放場所的日照及通風條件來選擇植物。
此外，購買植物時，盡量選擇有活力的植株，
現在就選擇方法來進行說明。

■ 依照場所選擇植物的方法

因應日照狀況，以及洋室・和室等房間氛圍
來選擇適合的植物吧！以公寓的格局為例來
介紹推薦的植物。

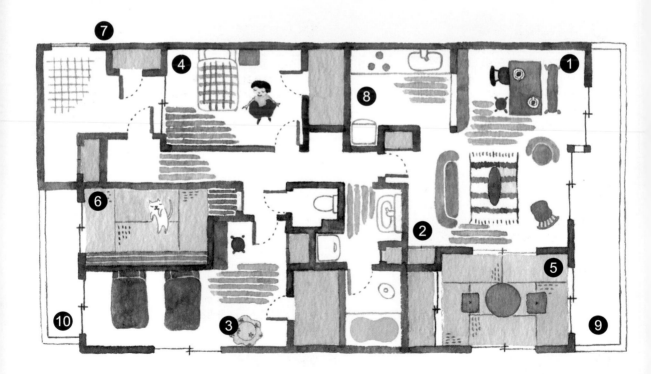

❶ 客廳及餐廳（日照良好）

傘榕…大型心形葉片充滿魅力。種入大型盆缽裡任其自然生長，有一種舒暢的輕鬆感。因喜歡日照良好且高溫多濕的場所，最適合南向的客廳及餐廳，最好能避免陽光直射。

❷ 客廳及餐廳（半日陰）

湘南橡膠木…是橡膠木種類中具有強烈耐陰性的品種，纖細葉片沙沙地搖曳著清涼感。適合稍微陰暗的客廳。

❸ 洋室（日照良好）

法國橡膠木…散發光澤的葉片和優雅彎曲的纖細枝幹，屬於充滿時尚感的觀葉植物。容易融入於任何一種室內設計的感覺。性喜日照及通風良好之處。

❹ 洋室（半日陰）

常春藤…常綠蔓性樹木，即使在半日陰的地方也能健康生長。以盆缽種植或以吊盆懸掛讓藤蔓垂下、沿著牆壁或柱子攀爬等，都能營造出歐洲旅館般的感覺。

❺ 和室（日照良好）

艷紅合歡…溫柔的羽狀葉片，日落後隨即閉闔。其嫻靜的風情相當適合和式風格。以單色盆缽營造出時尚的空間。雖然喜歡日照，但陽光太強也會導致葉片不張開，要特別注意。

❻ 和室（半日陰）

螺旋蘭（燈心草）…因盆栽及觀賞用的山野草花而為人所熟悉，屬於蘭草的近親種。螺旋狀葉片相當具有個性。因為水邊植物不耐乾燥，放置於盆缽底下積水的和式器皿中作為和風盆栽非常優雅。

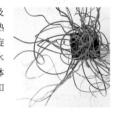

❼ 玄關

月桂樹…雖然經常作為庭木，但建議種在盆缽裡放置於玄關前，不但不會過於搶眼，香甜的氣味也能療癒人心。如果是公寓房子，有可能無法照到陽光，但半日陰的場所也能順利生長，在此非常推薦。

❽ 廚房

香草及觀葉植物…小型的觀葉植物或薄荷等香草類，建議可種在玻璃或琺瑯等看起來潔淨的雜貨裡作為裝飾。因為薄荷喜歡略帶濕氣的土壤，放置於濕氣重的廚房也OK。半日陰也能生長的觀葉植物種類很多，放置於陰暗的廚房也沒問題。

❾ 陽台（日照良好）

野草莓…莖部（走莖）延伸生長，能呈現野性的氛圍。種植於木製箱子或鐵皮罐裡，營造如法國鄉村般的感覺。因為日照良好的一側會開花結果，非常適合日照良好的陽台。

❿ 陽台（半日陰）

珊瑚鐘（漿果冰沙）…玫瑰紅般的葉片顏色華麗，就算只有單株也能打造明亮的陽台。具耐寒性，夏季時半日陰正好合適。

■ 植株的選購方法

園藝店或量販中心、室內家飾店等都有販賣各式各樣的綠色植物。專程去購買植物時，一定想要選擇有活力的優質植株。在此特別介紹如何在店頭陳列的育苗盆或植缽中，分辨出良質株苗或劣質株苗。

良質株苗

1. **整體看起來茂密有活力、生長狀況良好**

2. **花色和葉色具良好光澤、花蕾及新芽很多**

3. **莖部較粗、節間較短**

◎良質株苗

×劣質株苗

檢視植株狀態後再確認細部

選擇草花及觀葉植物時，首先必須確認整體看起來的狀態。枝葉較粗、節間不會過長、葉片數量多，位於下部的葉片未顯枯黃者就可說是良質株苗。此外，外觀看起來好像還可以，但植株根部卻搖搖晃晃就表示根部疲軟。要選擇根部緊實、穩定的株苗較佳。接著，就要確認細節的部份。發出花蕾或花芽者為良質株苗，要避開葉片背面已發生粉蝨等害蟲的劣質株苗。其它一般草花的情況下，有些植株長時間閒置於店頭，因環境變化而導致植株疲軟，要特別注意。儘可能購買新鮮的株苗吧！

切忌提起株苗時，
根部搖晃不穩者。

樹木根部最重要

有些樹木苗在育苗盆中販賣，有些則將根部和土壤的部份以麻布等捲起販賣。樹木最重要的就是根部的緊實保護。比起地上部來說，根部算是相當纖細的部份，小心謹慎比較安全。葉片萎縮有可能是缺水所導致，枝幹受損產生樹瘤有可能是因為蟲害入侵。所以，最好選擇枝幹光滑堅硬、葉色鮮艷者為佳。

球根緊實者為佳

選擇球根植物時，必須實際地以手接觸，輕輕地握在手上確認狀態。緊實的球根具有明顯的光澤感，握在手上會有沉重紮實的感覺。若感覺球根輕浮，有可能內部已經腐爛，要特別注意此點。此外，長期擱置於店頭的球根容易罹患灰霉病等，所以購買時，建議最好選擇商品流動量大的店家。避免購買損傷或已經發根・發芽的球根植物。

香草類植物要確認香氣

香草植物和草花一樣，大多購入幼苗栽培。選擇的方法也是先確認植株整體的狀態、植株穩定與否、葉片數量多且顏色新鮮等特徵。此外，香草植物的香氣也很重要，在不傷及植株的前提下，以手指輕揉葉片確認香氣。在良好環境下生長的株苗應該香氣濃郁。最後再確認是否使用農藥及化學藥劑，才算安心。

多肉植物必須確認生長點

多肉植物是喜好日照的綠色植物，位於葉片或植株中心的生長點褪色變白、整株植莖節間延長就表示日照不足，應該避免這種植株。最好選擇葉色鮮明、株根穩固、植株短者。此外，店頭陳列販賣的小株苗有些沒有附上標籤，所以對於想要栽種的多肉植物，要先了解其性質及栽培方法後，才能確認購買的品種。

在不傷及植株的前提下，以手指輕柔葉片確認香氣。

基本的照顧方法

即使是容易生長的綠色植物，為了維持活潑的生命力，
正確的照顧方法是不可欠缺的。
考量日照及通風等條件，調整擺放的位置，
至於給水、肥料、病蟲害的照顧等，
必須掌握園藝的基本流程和訣竅。

■ 給水

每日管理工作中最重要的就是給水。看似簡單的工作，但就算是同樣的植物，也會因為用土種類或放置場所、季節等不同，給水的時機也各有差異。基本原則是「非土壤表面乾燥，而是整體乾燥後再充份給水」。土壤未乾的情況下就給水，容易造成土壤內部過濕而產生水傷現象。此外，給水時，從植株根部慢慢注入，直到水份從缽底流出的程度即可。如此一來，盆缽中原有的氣體會被逼出，流入新的氣體，促使根部活化。

基本的給水方式從根部開始。若從花或葉片上直接給水，容易導致植株損傷，要特別注意。

耐乾燥植物

多肉植物性喜乾燥，千萬不要給水過度。當土壤表面變白之後等個4～5天，再進行給水。初學者造成植物枯萎的原因中，大部分都是因為給水過度造成根部腐爛。

不耐乾燥植物

性喜水分的植物，只要土壤表面乾燥變白後就必須立刻進行給水，也必須經常補充葉水。若不慎因缺水而引起葉片疲軟時，必須立刻進行緊急處理對策。桶子裡裝滿水後，將整個盆缽放在水裡來回浸漬即可。

> 水耕栽培植物的給水時機？
> 使用底部未開孔的容器，裡面放入所謂水球（液體球）的人工栽培土以貯存水分的水耕植物，大約在容器底部的水分完全乾燥後的2～3天再進行給水。若底部仍殘留水分時又補充水分，根部會浸漬於水裡，造成根部腐爛。

■ 日照

植物生長需要陽光。若放置於完全無法
照到陽光的地方，植株會逐漸疲軟。大
部分的草花或觀葉植物，在上午到下午
的4～5個小時裡，都需要陽光。放置於
室內觀賞時，最適合放在陽光透過玻璃
或窗簾灑入的明亮場所。選擇耐陰性植
物放在日陰處，並常常移動至陽光可及
之處，讓植物享受日光浴吧！

■ 通風

枝葉茂密的植物，需要適度的通風。若
種植於不通風的密閉場所，容易發生病
蟲害。但是，像強風吹拂的大樓公寓陽
台，卻也會因為太過乾燥而損傷枝葉。
像這樣的場所反而需要進行排風。栽種
於室內時必須將窗戶打開或使用循環機
等促使空氣循環。直接面對冷氣或風扇
出口會奪走植物的水分，絕對嚴格禁
止。

喜歡日照的植物，必須
放置於一整天都能照到
陽光的地方。

順利度過盛夏、隆冬的方法
為了讓植物能順利度過氣溫急速上升的夏季，必須營造較微清涼的
環境。不耐陽光直射的植物必須移動至日陰處，室內則必須利用蕾
絲窗簾等進行遮光。給水時機則建議在日照微弱的早晨和傍晚。因
為冬天是許多植物停止生長的時期，必須控制給水的次數，維持乾
燥的感覺。耐寒性不佳的觀葉植物等，放置於室內照得到陽光的地
方。戶外的草花則在根部覆蓋保暖物或整體植株蓋上塑膠布防寒。

■ 修剪・剪短

所謂修剪是指對過度延伸的樹枝等進行適度的修剪。生長中的植物樣貌凌亂、過度延伸或枝條交纏時，請進行適度的修剪吧！修剪不僅外觀好看，也能充分發揮養分的效果。整株剪短1/3到1/2稱為「剪短」，花期結束後進行剪短，可促使植株發出側芽繼續延伸生長，以利再次開花。進入梅雨季前進行剪短作業，可使通風良好，避免悶熱。

修剪時，從多餘枝條基部剪斷即可。

■ 元肥・追肥

所謂元肥是指種植時，混入用土中的肥料，使用效果緩慢的緩效型肥料。因為市售的培養土中，大多已經事先加入了元肥，最好先確認包裝袋上的標示。元肥的效果漸漸失效後，就必須進行追肥。追肥有速效型的液體肥料和撒在缽土上的固態肥料（置肥）。液體肥料7～14日施放一次，置肥則30～40日施放一次。

置肥儘量遠離植株根部，最好沿著盆缽邊緣放置。

■ 換盆

種在盆缽裡的植物，時間久了根部會糾結交錯，導致新發出的根無法伸展，造成生長狀況不佳。當土壤表面已經看見根部或根部已經從缽底伸出時，就是換盆的最佳時機。避開植株較無抵抗力的盛夏及隆冬，幫植株換個大盆缽吧！首先從盆缽裡將植株掘起，鬆開根缽土後，以剪刀將傷根剪下。雖然整理根部時可以順便換盆，但若不想讓植株繼續長大，可趁此時進行分株或將根部修剪至1/3左右，再重新種回原來的盆缽裡。最後充份給水至缽底孔流出水份即可。

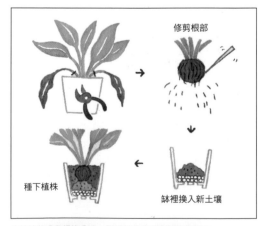

修剪根部

鉢裡換入新土壤

種下植株

修剪枯葉或傷根換盆時，新根延伸後會開始恢復活力。

■ 病害及蟲害的照顧

日照不足或通風狀況不佳，導致植株疲弱時，容易產生病蟲害。首先必須打造能讓植株健康生長的環境。當病害或蟲害的症狀很明顯時，幾乎都已經太遲了。為了能早期發現問題，平日觀察植物狀態是很重要的。

青菜蟲或蚜蟲等害蟲可以驅除，但像霉病或腐銹病等病害發生時，只能噴灑殺菌劑避免病害蔓延擴大。驅除害蟲、預防疾病是最基本的照顧工作，最近園藝藥品有噴灑劑及顆粒劑等種類，可就症狀及作用來選擇。使用前必須先確認說明書上的注意事項，考量周圍的狀況，嚴守規定劑量來進行噴灑。

園藝藥品中的無農藥噴劑不會對環境造成傷害，同時還有可預防蟲害和病害的殺菌殺蟲劑等。

因日照不足而造成葉片某部份枯黃的示例，剪下傷葉才能促使新芽發出。

多肉植物葉片上澆水後，因水分殘留，陽光照射後會產生如照片般的日燒現象。多肉植物只要土壤澆水即可。

花朵凋謝後，一年草、二年草該怎麼辦？
花期結束後若置之不理就會結出種子，養分會被種子吸收。此外，枯萎的花朵常常導致病害發生，所以，已經凋謝的殘花請以剪刀從花莖處進行修剪。勤快地修剪殘花能使下次更容易開花，才能長期享受花朵之樂。三色堇、菫菜花等一年草及二年草，因為花期結束後隨即枯萎，所以過了開花期，必須整株掘起，抖落土壤，重新處理。

植物照顧和疑難雜症 *Q&A*

初學者很容易陷入植物不開花或葉片枯萎等失敗中。
在此針對平日修剪的訣竅或栽種的方法、以及
「如果這樣該怎麼辦?」等疑難雜症進行回答。

Q. 葉片無端變黃掉落

A. 可能是因為根部糾結交錯所引起。植物種植多年後最好進行整理及換盆。葉片變黃的原因可能要考慮肥料不足、缺水、或因給水過多而導致根部腐爛等。重新修正日常的照顧方法是很重要的。剛買回家的植株,若從日照良好處太快移動至日陰處,也可能導致葉片變色或枯萎。此外,合植等情況下,若植株過於密集造成通風不良,葉片也會因悶熱而變黃。此時,必須將多餘的枝葉剪除使通風良好。

Q. 明明都有澆水,卻仍不開花

A. 給水過多的可能性相當高。因為土壤若經常處於潮濕狀態,會引起根部腐爛造成不易開花,所以,請確認土壤確實乾燥後再進行給水吧!幾乎所有的開花植物都需要陽光,日照不足時要將盆缽移動至日照良好處,調整成適合植物生長的環境。葉片茂密卻不開花的情況下,可能是因為肥料過多。適度修剪枝葉,控制追肥到結出花蕾為止。

Q. 葉片上的灰塵,可以置之不理嗎?

A. 大型葉片的觀葉植物栽種於室內容易沾染灰塵。不但影響光合作用,也有礙觀瞻。可用沾水的濕布輕輕擦拭灰塵。另外也可用噴霧器在葉片上噴水後,再以廚房紙巾或面紙等擦拭乾淨。將盆缽移動至陽台或戶外,再用花灑從葉片上方充分灑水以沖洗灰塵。也不要忘記照顧葉片背面喔!

Q. 觀葉植物的莖部呈現濕軟狀

A. 或許是因為放置於寒冷場所而引起的現象。尤其是觀葉植物大多不耐寒冷,冬天土壤濕潤的情況下放置於戶外,夜間土壤溫度急速下降,植株根部因此受傷而導致枯萎。冬季的給水改以噴灑葉片為主,或將植物移動至室內,不要直接抵擋寒氣。此外,也要避免給水過多造成根部腐爛。務必確定土壤乾燥後再進行給水。

Q. 多肉植物變成茶色

A. 葉片顏色變成茶色，可能是因為陽光直射造成的葉燒現象。雖然多肉植物性喜日光，但持續接受強光照射卻會引起葉燒現象。可將盆缽移至明亮的日陰處，等待其恢復葉色。莖部變茶色時，必須確認植株的觸感，若摸起來濕濕軟軟，可能是因為過於潮濕引起根部腐爛。尤其是多肉植物非常不耐夏季的高溫多濕。夏季一定要控制給水量，並擺放至通風良好之處讓其休息。

Q. 寵物會囓咬室內的綠色植物

A. 球根植物鬱金香或水仙、聖誕紅或仙客來、裂葉蔓綠絨、千年蕉等草花或觀葉植物中，有些貓狗誤食會引起中毒。所以一般寵物進出的地方，最好不要放置綠色植物。若一定要放置於室內，務必放在寵物無法觸及之處，才能開心享受觀賞的樂趣。若不幸誤食而中毒，也務必要告訴獸醫師植物的名稱。

Q. 舊土壤能再利用嗎？

A. 使用園藝店裡販賣的再生土壤（木炭或石灰、肥料等混合的土壤改良材），比較能簡單地再利用。首先，使用過的土壤充分乾燥後，去除雜草或枯根，曝曬於陽光下消毒。夏季約曝曬1週，冬季約2週後，充分混入再生土壤即可。作為盆缽土再利用時，必須將再生舊土和等量的新培養土混合使用。

Q. 旅行長期不在家時？

A. 2～3天時，一般會在盛水盤裡保留些水，或放進約能浸漬1/3盆缽高的水桶裡。最近市面上推出只要混在水裡澆淋在土壤上就能提高保水力的膠狀保水材料等。3～5天不在家的情況下，最好在寵物瓶子裡裝入水，蓋子上開出小孔，插入缽土中進行給水。市面上販售的給水工具也非常方便。如果超過這些天數以上時，最好設置定時自動給水器較為安心。

製作・監修・「Buriki no Zyoro」負責人

勝地末子

園藝店「Buriki no Zyoro」的負責人。以園藝設計師的身分，親自進行所有綠色植物的配置、陳列提案以及庭院設計規劃等作業。使用多肉植物和空氣鳳梨等新奇植物，不只使用花，也利用乾燥果實及枝葉等進行裝飾的獨特風格，在室內裝飾者和綠色植物愛好者之間，擁有高知名度，有眾多粉絲。著有「好想種看看！美麗的多肉植物」（日本文藝社）。也曾參與電視節目「趣味的園藝」（NHK）等演出。

Buriki no Zyoro
http：//buriki.jp/

TITLE

多肉控懶人植物園

STAFF		ORIGINAL JAPANESE EDITION STAFF	
出版	瑞昇文化事業股份有限公司	スタイリング	勝地末子、長谷川千夏
作者	勝地末子	撮影	宮濱祐美子
譯者	蔣佳珈	デザイン	高橋良
		編集協力・執筆	みよしみか、岩淺智子、村山貴子
總編輯	郭湘齡	編集・企画	別府美絹（X-knowledge）
責任編輯	王瓊苹	撮影協力	CLOTH&CROSS
文字編輯	林修敏 黃雅琳		
美術編輯	謝彥如		
排版	二次方數位設計		
製版	明宏彩色照相製版股份有限公司		
印刷	桂林彩色印刷股份有限公司		

戶名	瑞昇文化事業股份有限公司
劃撥帳號	19598343
地址	新北市中和區景平路464巷2弄1-4號
電話	(02)2945-3191
傳真	(02)2945-3190
網址	www.rising-books.com.tw
Mail	resing@ms34.hinet.net
初版日期	2014年2月
定價	320元

國家圖書館出版品預行編目資料

多肉控懶人植物園 / 勝地末子作；蔣佳珈
譯. -- 新北市：瑞昇文化, 2014.02
128面；18.2*25.7 公分

ISBN 978-986-5749-26-2(平裝)

1.園藝學 2.植物圖鑑

435.48　　　　　　　　103001573

國內著作權保障，請勿翻印 ／ 如有破損或裝訂錯誤請寄回更換

GREEN TANIKUSHOKUBUTSU ARIPLANTS ARRANGE BOOK
© X-Knowledge Co., Ltd. 2013
Originally published in Japan in 2013 by X-Knowledge Co., Ltd.
Chinese (in complex character only) translation rights arranged with
X-Knowledge Co., Ltd.